"十三五"职业教育国家规划教材

中等职业教育农业农村部"十三五"规划教材

动物繁殖与改良

DONGWU FANZHI YU GAILIANG

第四版

钟孟淮 ◎主编

U0208850

中国农业出版社

北京

内容简介

　　《动物繁殖与改良》（第四版）共设四个模块，包括动物生殖系统、生殖激素、动物繁殖技术、动物品种选育与杂交利用。考虑当前中职生的培养目标、总课程设置、课程学时分配等因素，而未将"动物遗传基础与早期胚胎的形成"等内容列入。每一个模块都有模块提示，明确了本模块需掌握或了解的基本知识与基本技能，每个"项目"都明确了项目任务，每一个"任务"都明示了本"任务"的知识目标和技能目标，有利于老师的授课目的、任务更清晰，也使学生明确地知道各个部分和各个环节的学习要求与学习重点、难点。根据各"项目"的需要，设计了 22 个技能训练，基本符合理论与实践课时1∶1的要求，较好地贯彻了"理论与实践相结合""理论够用、技能实用"的理念。本书设置的技能训练具备很强的实操性，即使没有教师指导，学生只要按技能训练所列步骤的要点进行准备和操作，也能独立进行训练和学习。同时，涉及技能训练的相关理论知识，则只介绍了必要的基本知识，为技能操作起到支撑作用。技能训练设于相应的"任务"之后，即完成该任务的知识学习后，进行技能训练，可以更好地巩固相关知识与技能要求。此外，有的"项目"还根据需要设计了"知识拓展""信息链接""观察与思考"等内容，可以拓展知识面，提高学习兴趣，有利于巩固所学知识，在每个"项目"后还设计了"自我测试"题目，有利于检查学习成果。同时，该教材引入了一定的数字资源，同学们可通过微课、慕课等平台进行辅助学习，使学生学习更直观。

　　本书可作为中等职业学校畜牧兽医类专业教学用书，也可作为动物养殖户及大中型养殖企业繁殖技术员的参考书。

第四版编审人员

DONGWU FANZHI YU GAILIANG

主　　编　钟孟淮

副 主 编　冯会中　韩彦珍

编　　者（以姓氏笔画为序）

丁　玫　马　帅

冯会中　张　菊

钟孟淮　韩彦珍

审　　稿　许厚强

行业指导　陈大芳　姜　澜

第一版编审人员

DONGWU FANZHI YU GAILIANG

主　　编　耿明杰

编　　者　梁书文（辽宁省锦州畜牧兽医学校）

谭义忠（广西柳州畜牧兽医学校）

陈松明（湖南省永州职业技术学院）

史昌鹤（江苏省句容市高庙职业中学）

耿明杰（黑龙江省畜牧兽医学校）

审　　稿　黄功俊（北京农业职业学院）

责任主审　汤生玲

审　　稿　李祥龙　冯敏山　汤生玲

第二版编审人员

DONGWU FANZHI YU GAILIANG

主　　编　钟孟淮

副主编　伍国荣

编　　者　（按姓名笔画排序）

　　　　　　王小建（河南省南阳农业学校）

　　　　　　王荣国（河北省邢台农业学校）

　　　　　　艾军民（河南省驻马店农业学校）

　　　　　　伍国荣（广西柳州畜牧兽医学校）

　　　　　　钟孟淮（贵州省畜牧兽医学校）

　　　　　　姜　澜（贵州省贵阳市乌当区畜牧局）

审　　稿　耿明杰（黑龙江农业工程职业学院）

　　　　　　王景芳（黑龙江生物科技职业学院）

第三版编审人员

DONGWU FANZHI YU GAILIANG

主　编　钟孟淮

副主编　伍国荣　韩彦珍

编　者（按姓名笔画排序）

王荣国（河北省邢台农业学校）

艾军民（河南省驻马店农业学校）

许　芳（贵州省畜牧兽医学校）

伍国荣（广西柳州畜牧兽医学校）

钟孟淮（贵州省畜牧兽医学校）

韩彦珍（山西省畜牧兽医学校）

审　稿　许厚强（贵州大学）

ZHONGDENG
ZHIYE JIAOYU

中等职业教育国家规划教材出版说明

GUOJIA GUIHUA JIAOCAI
CHUBAN SHUOMING

为了贯彻《中共中央 国务院关于深化教育改革全面推进素质教育的决定》精神，落实《面向 21 世纪教育振兴行动计划》中提出的职业教育课程改革和教材建设规划，根据教育部关于《中等职业教育国家规划教材申报、立项及管理意见》（教职成〔2001〕1 号）的精神，我们组织力量对实现中等职业教育培养目标和保证基本教学规格起保障作用的德育课程、文化基础课程、专业技术基础课程和 80 个重点建设专业主干课程的教材进行了规划和编写，从 2001 年秋季开学起，国家规划教材将陆续提供给各类中等职业学校选用。

国家规划教材是根据教育部最新颁布的德育课程、文化基础课程、专业技术基础课程和 80 个重点建设专业主干课程的教学大纲（课程教学基本要求）编写，并经全国中等职业教育教材审定委员会审定。新教材全面贯彻素质教育思想，从社会发展对高素质劳动者和中初级专门人才需要的实际出发，注重对学生的创新精神和实践能力的培养。新教材在理论体系、组织结构和阐述方法等方面均作了一些新的尝试。新教材实行一纲多本，努力为教材选用提供比较和选择，满足不同学制、不同专业和不同办学条件的教学需要。

希望各地、各部门积极推广和选用国家规划教材，并在使用过程中，注意总结经验，及时提出修改意见和建议，使之不断完善和提高。

教育部职业教育与成人教育司

2001 年 10 月

　　《动物繁殖与改良》(第四版)是在上一版的基础上,根据当前教学需求和行业发展情况修订而成。动物繁殖与改良是养殖业生产中十分重要的一个环节,只有搞好品种的选育与杂交利用,并很好地应用繁殖新技术才能获得较好的经济效益。

　　本教材修订时,充分考虑到当前我国畜牧业发展的要求,紧扣主题和培养目标,始终贯彻"以培养职业能力为核心,以训练职业技能为重点,以提高综合素质为目标"的理念,按照"理论够用、技术实用"的思路进行编写,既考虑了畜牧兽医类各专业的教学需要,又考虑了各学校不同的教学设计。根据当前中职学生的教育情况及岗位定位,"动物繁殖技术"与"胚胎移植技术"是本教材的重点,同时,根据当前宠物饲养越来越普遍的情况,本教材增加了犬、猫等宠物的繁育知识及繁殖技术,扩展了畜牧兽医类专业的学习内容。本教材也可以作为宠物养护与经营专业的教材或教学参考书。

　　本教材共设动物生殖系统、生殖激素、动物繁殖技术、品种选育与杂交利用四个模块,包括14个"项目"、31个"任务"、22个"技能训练"。本教材按一学期18周、每周4学时的课程设置进行内容安排,不同学校在课程安排时可能会有不同,任课老师可根据具体情况适当调整。

　　本教材编写人员既有长期从事动物繁殖与改良教学的一线教师,也有长期从事相关实训和生产一线的专家。由贵州农业职业学院钟孟淮担任主编,山西省畜牧兽医学校韩彦珍和朝阳工程技术学校冯会中担任副主编,具体编写分工如下:贵州农业职业学院马帅负责编写模块一、模块二;冯会中负责编写模块三的项目一、项目二;钟孟淮负责编写模块三的项目三、项目四及统稿;山东畜牧兽医职业学院张菊负责编写模块三的项目五、项目六;韩彦珍负责编写模块三的项目七;贵州农业职业学院丁玫负责编写模块四;贵州省贵阳市乌当区农业农村局姜澜、贵州省种畜禽种质测定中心陈大芳对教材实训教学部分内容进行了把关;贵州大学许厚强教授审稿。在编写过程中,得到了贵州农业职业学院邓庆生及兄弟院校的大力支持,在此一并表示衷心的感谢!

　　由于编者水平有限,教材中不足之处在所难免,欢迎读者和专家批评指正。

编　者

2019 年 4 月

　　《畜禽繁殖与改良》是面向 21 世纪国家规划教材，按照"全国中等职业学校养殖专业整体教学改革方案"和教育部颁发的教学大纲的要求编写。

　　在编写过程中，紧扣专业培养目标，以职业素质为本位，以职业能力为核心，以职业技能为重点，正确处理知识、能力和素质的关系。打破学科体系的系统性和完整性，强调综合能力的培养与训练，基本知识以够用、适用、实用为度。大胆舍弃烦琐而又无实际意义的理论，使教材简练、明快，更具有职教特色。

　　本教材共设置 6 个单元，共计 19 个分单元 36 个课题。每个课题包括目标、资料单、技能单、评估单。在编写过程中，教学目标按大纲的要求定位准确，用词恰当；资料单内容精练，表述清晰；技能单从能力点切入，有训练的方法和手段；评估单估测、评价到位，便于学生自学。

　　本次教材编写分工：黑龙江省畜牧兽医学校耿明杰任主编，并编写了编写说明、绪论、第五单元的第二和第三分单元；辽宁省锦州畜牧兽医学校梁书文编写第五单元的第一、第四、第五分单元和第六单元；广西柳州畜牧兽医学校谭义忠编写第二单元和第三单元；湖南省永州职业技术学院陈松明编写第一单元和第四单元；江苏省句容市高庙职业中学史昌鹤编写第五单元的第六分单元。北京农业职业学院黄功俊先生对本教材进行了审定。在本书编写过程中，得到了黑龙江省畜牧兽医学校原副校长覃正安、北京农业职业学院副书记张金柱、上海农业学校原副书记袁恩吉、山东省教育研究室邱以亮等专家的指导和大力帮助，同时，也得到了有关领导和兄弟学校的大力支持，在此深表谢意。

　　我国幅员辽阔，饲养畜禽的种类和方法南北差异较大，在使用本教材时，各地可根据生产实际对教学内容进行适当调整，使教材更具有适用性和实用性。

　　编写模块教材对我们来说是初次尝试，加之水平有限，时间仓促，在编写内容和格式上，一定会存在诸多错误和不当之处，欢迎读者和专家批评指正，以便进一步修订。

编　者

2001 年 7 月

　　随着我国经济的发展和人民生活水平的提高，畜牧业的发展越来越快，规模化、现代化、集约化、工业化的畜牧业比重不断增大，畜牧业已从"自给自足"型向"发展经济"型过渡，在国民经济中的贡献率越来越大，在产业发展中的地位也越来越重要。同时，在发展畜牧业过程中，养殖特种动物、经济动物、宠物的企业与个人不断增多，这为畜牧业注入了新的内涵。

　　动物繁殖与改良是畜牧业生产中的一个关键环节，只有运用动物繁殖改良技术搞好了动物的繁殖改良工作，才能获得量多质优的动物群体。

　　本教材阐述了动物是怎样将其性能传递给后代的，如何进行人为控制和利用；阐述了动物体是怎样从一个细胞变成胚胎，最终变成一个鲜活的生命的；阐述了与动物繁殖性能有关的激素的调节与应用；阐述了动物的生殖器官的结构与功能；阐述了动物的发情鉴定技术、采精技术、精液的处理技术、配种技术、妊娠鉴定技术及助产技术等一系列繁殖技术，并介绍了现在已研究成功并开始生产应用的生物工程技术。

　　繁殖与改良是密不可分的，只有运用好繁殖技术，才能为实现良种繁育打下基础；繁殖出来的后代才符合经济发展和人民生活的需要。总之，要提高动物的繁殖力，要达到畜牧业生产的要求，就必须充分应用繁殖技术与改良技术。

　　当前，我国最主要的繁殖技术是畜禽的人工授精技术，这是本书的重点，也是学习的重点。同时，也融入了一些特种动物、经济动物、宠物等的相关内容，读者可选择学习；在部分地区，胚胎移植技术已开始广泛推广，部分单位在动物发情控制、性别鉴定与控制等方面也有所研究和应用，本书均作了介绍。

　　动物的繁殖与改良技术及其理论支撑，是千百年来人类适应自然、改造自然的成果结晶，但远未达到完美，相信通过大家的不懈努力，繁殖与改良技术及其理论将更上一个新的台阶，对畜牧业发展将作出更大的贡献。

编　者
2008 年 11 月

第三版前言 3
DISANBAN QIANYAN

    本教材是根据教育部有关规定、要求和行业发展情况进行编写的。动物繁殖与改良是养殖业生产中的一个关键环节，只有运用动物的繁殖改良技术搞好动物的繁殖改良工作，才能获得量多质优的动物群体。只有繁殖技术得到很好的运用，才能为实现改良打下基础，并实现改良的目的；只有通过改良技术的运用，才能繁殖出符合经济发展和人民生活需要的动物后代。总之，要提高动物的繁殖力，要达到养殖业生产的要求，就必须充分应用繁殖技术与改良技术。

    编写本教材时，编者充分考虑了当前我国畜牧业发展的要求，紧扣主题和培养目标，始终贯彻"以培养职业能力为核心，以训练职业技能为重点，以提高综合素质为目标"的理念，按照"理论够用、技术实用"的思路进行编写。教材既考虑了畜牧兽医类各专业化方向的教学需要，又考虑了各学校的不同教学设计。

    当前，我国养殖业中最主要的繁殖技术就是畜禽的人工授精技术和胚胎移植技术，这是本教材重点，也是学习重点。同时，也融入了一些特种动物、经济动物、宠物等繁殖技术的相关内容，读者可选择学习；在部分地区，胚胎移植技术开始广泛推广，部分单位在家畜发情控制、性别鉴定与控制等方面也有所研究和应用，本教材均作了介绍。

    本教材共设 5 个模块，包括动物遗传基础与早期胚胎的形成、品种选育与杂交利用、动物生殖系统、生殖激素、动物繁殖技术，包括 18 个"项目"、36 个"任务"、26 个技能训练。

    本教材由钟孟淮任主编，伍国荣和韩彦珍任副主编。其中，韩彦珍负责编写模块一；许芳负责编写模块二；艾军民负责编写模块三、模块四；钟孟淮负责编写模块五第 1 至 3 项目；伍国荣负责编写模块五第 4、第 5 项目；王国荣负责编写模块五第 6、第 7 项目。贵州大学许厚强教授对本教材进行了审稿。在编写过程中，得到了贵州省畜牧兽医学校邓庆生、谢百练、韩昌权及内蒙古扎兰屯农牧学校李明等的帮助与指导，在此深表感谢！

    本教材是按一学期 18 周、每周 6 学时的教学来进行内容安排的，任课老师可根据各学校具体情况进行选择性地讲解。

    由于编者水平有限，在教材编写方面难免有不足之处，欢迎读者和专家批评指正。

编 者

2014 年 4 月

目　录

模块一
动物生殖系统

【基本知识】

1. 家畜生殖器官的位置和形态结构。
2. 家畜主要生殖器官的生理机能。
3. 家禽生殖器官的组成及构造。
4. 犬、猫生殖器官的组成、构造与生理功能。

【基本技能】

1. 公畜生殖器官的认识与观察。
2. 公畜生殖器官的位置关系描述。
3. 母畜生殖器官的认识与观察。
4. 母畜各主要生殖器官的位置关系描述。
5. 犬、猫生殖器官的认识与观察。
6. 家禽生殖器官的认识与观察。

项目一

家畜生殖器官

【项目任务】

1. 了解公、母畜生殖器官的组成。
2. 掌握公、母畜各生殖器官的解剖位置、形态特点及组织构造。
3. 掌握公、母畜主要生殖器官的生理机能。

任务 1　公畜的生殖器官

【任务目标】

知识目标

1. 能准确说出公畜生殖系统的组成。
2. 了解公畜生殖器官的位置和形态结构。
3. 掌握公畜主要生殖器官的生理功能。

技能目标

1. 能准确认识、区别公畜的生殖器官。
2. 能进行公畜生殖器官的切片观察。

【相关知识】

一、公畜生殖系统的组成

公畜的生殖系统主要由睾丸、附睾、输精管、尿生殖道、副性腺、阴茎、包皮、阴囊组成（图 1-1-1）。

二、公畜各生殖器官的形态及结构

1. 睾丸

（1）形态位置。正常雄性家畜的睾丸均为长卵圆形、左右各一，位于阴囊的两个腔内。不同种类家畜的睾丸大小、重量有很大的差别。猪、绵羊和山羊的睾丸相对较大，牛、马的左侧睾丸常稍大于右侧。猪、猫的睾丸位于肛门下会阴区，长轴倾斜，前高后底，附睾位于后外缘，附睾头朝前下方，附睾尾朝后上方；马、驴睾丸的长轴与地面平行，附睾附着于睾

丸的背外缘，附睾头朝前，尾朝后；牛、羊睾丸的长轴与地面垂直，位于两腹股沟区，附睾位于睾丸的后外缘；犬的睾丸位于两股之间稍后方。

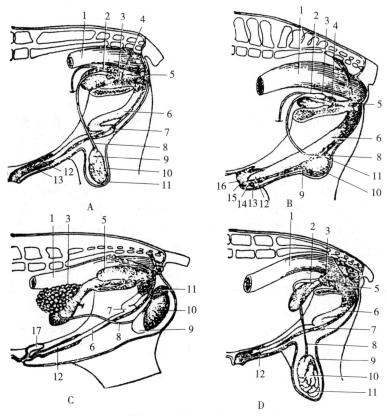

A. 公牛　B. 公马　C. 公猪　D. 公羊

1. 直肠　2. 输精管壶腹　3. 精囊腺　4. 前列腺　5. 尿道球腺　6. 阴茎　7. S状弯曲
8. 输精管　9. 附睾头　10. 睾丸　11. 附睾尾　12. 阴茎游离端　13. 内包皮鞘
14. 外包皮鞘　15. 龟头　16. 尿道突起　17. 包皮憩室

图 1-1-1　公畜的生殖器官

（北京农业大学，1986. 家畜繁殖）

（2）组织结构。睾丸的表面被覆浆膜（即固有鞘膜），其下为致密结缔组织构成的白膜，白膜由睾丸的一端（即与附睾头相接触的一端）形成结缔组织索，伸入睾丸实质，构成睾丸纵隔，纵隔向四周发出许多放射状结缔组织小梁伸向白膜，将睾丸实质分成上百个锥体形小叶。每个小叶内有 2～4 条精细管，进入睾丸纵隔形成睾丸网（马无睾丸网），是精细管的收集管，最后由睾丸网分出 10～30 条睾丸输出管，汇入附睾头的附睾管。精细管之间有疏松结缔组织，内含血管、淋巴管、神经和间质细胞。

睾丸可分为头、体和尾三部分，血管和神经进入的一端为睾丸头，有附睾头附着。另一端为睾丸尾，有附睾尾附着。睾丸头与睾丸尾之间为睾丸体。睾丸小叶中的精细管有两种重要的细胞：

①生精细胞。数量比较多，成群的分布在足细胞之间，排成 3～6 层。根据不同时期的发育特点，可分为精原细胞、初级精母细胞、次级精母细胞、精子细胞。

②足细胞。又称支持细胞。数量较少，呈辐射状排列在精细管内，分散在各期生殖细胞之间，其底部附着在精细管的基膜上，游离端朝向管腔，常有许多精细胞镶嵌在上面。一般认为，足细胞对生精细胞起着支持、营养、保护等作用，足细胞失去功能，精细胞便不能成熟。

2. 附睾

（1）形态位置。附睾附着于睾丸一侧的外缘，由头、体、尾3个部分组成。头、尾两端粗大，体部较细。附睾头主要由睾丸输出管与附睾管组成。附睾管是一条长而高度弯曲的小管，构成附睾体和附睾尾，在附睾尾处管径增大延续为输精管（图1-1-2）。

（2）组织结构。附睾管壁由环形肌纤维和假复层柱状纤毛上皮构成。附睾管大体可分为3部分，起始部具有长而直的静纤毛，管腔较窄，管内精子数很少；中段的静纤毛不太长，且管腔变宽，管内有较多精子存在；末端静纤毛较短，管腔很宽，充满精子，附睾可分为附睾头、附睾体和附睾尾。

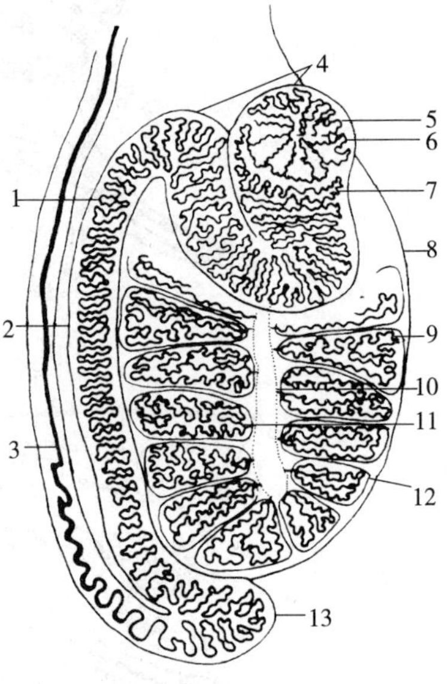

3. 输精管 输精管由附睾管直接延续而成，起始端有些弯曲，很快变直。它与通向睾丸的血管、淋巴管、神经、提睾内肌等外包以总鞘膜而构成精索，经腹股沟管进入腹腔，向后折进入盆腔。输精管移行至膀胱背侧逐渐变粗，形成输精管壶腹（猪无壶腹部），输精管壶腹部富含腺体。输精管对死亡和老化的精子具有分解、吸收作用。射精时，输精管肌层发生规律性收缩，使得输精管内和附睾尾的精子排入尿生殖道。

1、7. 附睾管　2. 附睾体　3. 输精管
4. 附睾头　5. 输出管　6、10. 睾丸网
8. 睾丸　9. 精曲细管　11. 精直细管
12. 小叶　13. 附睾尾
图1-1-2　公牛的睾丸与附睾
（黄功俊，1999. 家畜繁殖）

4. 副性腺 精囊腺、前列腺及尿道球腺统称为副性腺（图1-1-3、图1-1-4）。射精时，它们的分泌物与输精管壶腹的分泌物混合在一起称为精清，并将来自输精管和附睾高密度的精子稀释，形成精液。

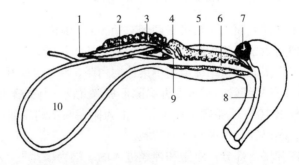

1. 输精管　2. 输精管壶腹部　3. 精囊腺　4. 前列腺全部　5. 前列腺扩散部
6. 尿生殖道骨盆部　7. 尿道球腺　8. 尿生殖道阴茎部　9. 精阜及射精孔　10. 膀胱
图1-1-3　公牛尿生殖骨盆部及副性腺（正中矢面）
（北京农业大学，1986. 家畜繁殖）

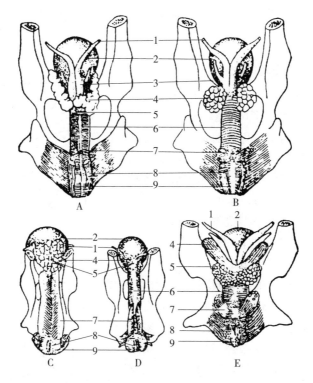

A. 公牛　B. 公羊　C. 公猪　D. 去势公猪　E. 公马

1. 输精管　2. 膀胱　3. 输精管壶腹　4. 精囊腺　5. 前列腺

6. 尿生殖道骨盆部　7. 尿道球腺　8. 阴茎缩肌　9. 球海绵体肌

图 1-1-4　各种公畜的副性腺（骨盆内背面观）

（北京农业大学，1986. 家畜繁殖）

（1）精囊腺。成对存在，位于输精管末端的外侧。输出管与输精管共同开口于精阜。猪精囊腺最为发达，呈锥体形，为致密的分叶腺，由许多腺小叶组成；牛、羊的精囊腺不发达，呈不规则长卵圆形，表面有凹凸不平的致密的分叶腺，左、右精囊腺的大小和形状常不对称；马的精囊腺为长圆形盲囊，其黏膜层含分支的管状腺。

精囊腺分泌液是呈白色或黄色、偏酸性的黏稠液体。其组成成分以果糖和柠檬酸含量最高，果糖是精子的主要能量来源，柠檬酸和无机物共同维持渗透压。

（2）前列腺。位于尿生殖道起始部的背侧。分为体部和扩散部两部分。体部较小，外观可见，可延伸至尿道骨盆部；扩散部相当大，在尿道海绵体和尿道肌之间。它们的腺管成行开口于尿生殖道内。

前列腺分泌液无色透明、偏酸性，能提供给精液磷酸酯酶、柠檬酸等物质，具有增强精子活力和清洗尿道的作用。

（3）尿道球腺。一对，位于尿生殖道骨盆部末端，开口于尿生殖道的背侧。猪的体积最大，呈圆筒状；马次之，牛、羊最小，呈球状。多种家畜尿道球腺的分泌量均很少，但猪例外，其分泌量较多。

5. 尿生殖道　是尿液和精液共同的排出管道，可分为骨盆部和阴茎部。骨盆部位于骨盆底壁，由膀胱颈直达坐骨弓，为一长的圆柱形管；阴茎部位于阴茎海绵体腹面的尿道沟内，外面包有尿道海绵体和球海绵肌。在坐骨弓处，尿道阴茎部在左右阴茎脚之间稍膨大形成尿道球。

6. 阴茎和包皮

（1）阴茎。是公畜的交配器官，主要由勃起组织和尿生殖道阴茎部组成，自坐骨弓沿中线向前延伸，达脐部。阴茎的后端为阴茎根，前端为阴茎头，中间是阴茎体。阴茎体由背侧的两个阴茎海绵体及腹侧的尿道海绵体构成。阴茎头为阴茎前端的膨大部，俗称龟头，主要由龟头海绵体构成。各种家畜阴茎形状不一（图1-1-5），牛的龟头较尖，且沿纵轴呈扭转形；羊的龟头呈帽状隆突；猪的龟头呈螺旋状，上有一浅的螺旋沟；马的龟头钝而圆，外周形成龟头冠。

（2）包皮。包皮是由游离皮肤凹陷而发育成的皮肤褶。不勃起时，阴茎头位于包皮腔内，具有容纳和保护阴茎头的作用。包皮的黏膜含有许多腺体，分泌油脂性物质，这种分泌物与脱落的上皮细胞及细菌混合后形成带有异味的包皮垢，采精时常因处理不当而污染精液。

7. 阴囊 阴囊为袋状腹壁，借腹股沟管与腹腔相通，相当于腹腔的突出部，内有睾丸、附睾及部分精索。阴囊壁由皮肤、肉膜、总鞘膜和固有鞘膜4层构成。

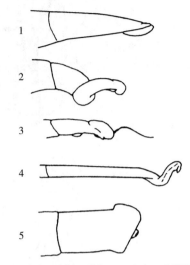

1. 牛即将交配前阴茎端部　2. 牛交配后阴茎端部
3. 绵羊自然交配时阴茎端部
4. 猪交配时螺旋部尚未充分勃起形状
5. 马射精后尚处于勃起状的阴茎
图1-1-5　各种家畜的阴茎端部形状
（黄功俊，1999. 家畜繁殖）

皮肤薄而柔软，腹侧正中有阴囊缝，是去势的定位标志。肉膜紧贴于皮肤的深面，由弹性纤维和平滑肌构成，肉膜有调节温度的作用。天冷时肉膜收缩，使阴囊起皱；天热时肉膜松弛，阴囊下垂。正常情况下，阴囊能维持睾丸低于体温的温度，这对于维持生精机能至关重要。总鞘膜在肉膜内面，是腹膜壁层向阴囊内的延续；固有鞘膜由腹膜脏层延续而成。

猪、猫的阴囊位于肛门的下方会阴区。马的阴囊位于两股之间，耻骨前缘的下方腹股沟区。牛、羊的阴囊位置较马的稍靠前，位于前腹股沟区。

三、睾丸、附睾和副性腺的生理机能

1. 睾丸

（1）生精机能。精细管的生精细胞经多次分裂最终形成精细胞，并储存在附睾中。

（2）分泌雄激素。由位于精细管之间的间质细胞分泌，雄性激素的主要成分是睾酮。

2. 附睾

（1）精子最后成熟的场所。睾丸精细管产生的精细胞刚进入附睾头时，其颈部常有原生质滴，这说明精细胞尚未发育成熟。此时，其活动微弱，没有受精能力或受精能力很低。精细胞在通过附睾的过程中，原生质滴向后移行至尾部末端脱落，最后成熟。

（2）吸收和分泌作用。吸收作用是附睾头及附睾尾的一个重要作用，大部分睾丸液在附睾头部被吸收，使附睾尾的精子密度很高。附睾能分泌出多种物质，除供给精子发育所需的养分外，还与维持渗透压、保护精子及促进精子成熟有关。

（3）贮存作用。精子主要贮存在附睾尾。由于附睾管分泌物为精子提供营养，附睾内为弱酸性环境，渗透压高，温度较低，精子代谢受到抑制，可使精子处于休眠状态，能量消耗较小，所以精子能在附睾尾处贮存较长时间，2个月后仍具有受精能力。但如贮存过久，则活力降低，畸形精子增加，最后死亡被吸收。

（4）运输作用。精子在附睾内缺乏主动运动的能力，靠纤毛上皮的活动，以及附睾管平滑肌的收缩作用将其由附睾头运送至附睾尾。

3. 副性腺

（1）冲洗尿生殖道，为精液通过做准备。阴茎勃起射精前，所排出的少量液体，主要是尿道球腺分泌物，它起着冲洗尿生殖道中残留的尿液的作用，以免通过尿生殖道的精子受到危害。

（2）精子的天然稀释液。附睾排出的精子，其周围只有少量的液体，待与副性腺液混合后，精子即被稀释，从而增加了精液量。

（3）帮助运送精子至体外。精子排出时，除借助附睾管、输精管、副性腺平滑肌收缩外，还借助尿生殖道管壁平滑肌收缩及副性腺分泌物的润滑作用。

（4）供给精子营养物质及活化精子。精囊腺分泌液含有果糖。果糖是精子的主要能量来源，副性腺混合液偏碱性，可激活来自附睾处于休眠状态的精子。副性腺分泌物含的柠檬酸盐和磷酸盐，具有缓冲作用，可以延长精子存活时间，维持精子的受精能力。

（5）形成阴道栓，防止精液倒流。马、猪属于子宫型射精，为防止精液倒流，副性腺分泌物凝固形成阴道栓，防止精液倒流。

任务 2 公猫、公犬的生殖系统

【任务目标】

知识目标

1. 能准确说出公犬、公猫生殖系统的组成。
2. 了解公犬、公猫生殖器官的位置和形态结构。
3. 掌握公犬、公猫主要生殖器官的生理功能。

技能目标

1. 能准确认识、区别公犬、公猫的生殖器。
2. 能进行公犬、公猫生殖器官的切片观察。

【相关知识】

一、公猫生殖系统的组成

公猫的生殖系统主要由睾丸、附睾、输精管、副性腺、尿道、阴茎、阴囊组成（图1-1-6）。

1. 睾丸 雄性生殖腺，是产生精子和雄性激素的器官，位于阴囊内。

2. 附睾 实质就是由许多细小精管汇合成输出管的起端。

3. 输精管 一条很细的管子，沿精索上行，进入前列腺，开口于膀胱颈内。

4. 副性腺 其分泌物能增强精子的活力和改善阴道的环境。猫的副性腺只有前列腺和尿道球腺。

5. 尿生殖道 是公畜排尿和排出精液的共同通道，故称尿生殖道，可分为骨盆部和阴茎部。骨盆部位于骨盆底壁，由膀胱颈直达坐骨弓，为一长的圆柱形管；阴茎部位于阴茎海绵体腹面的尿道沟内，外面包有尿道海绵体和球海绵肌。在坐骨弓处，尿道阴茎部在左右阴茎脚之间稍膨大形成尿道球腺。

6. 阴茎 由两个阴茎海绵体和一个尿道海绵体构成，呈圆柱形。

7. 阴囊 由皮肤、提睾筋膜、提阴囊肌构成，囊内有睾丸、附睾、精索，呈袋状，位于肛门下方。

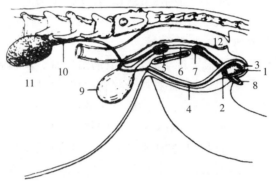

1. 睾丸　2. 附睾头　3. 附睾尾　4. 输精管　5. 前列腺　6. 尿生殖道
7. 尿道球腺　8. 阴茎　9. 膀胱　10. 输尿管　11. 肾　12. 直肠
图 1-1-6　雄猫阴茎解剖示意
（中国农业大学，2003.动物繁殖学）

二、公犬生殖系统的组成

公犬的生殖系统主要由睾丸、附睾、输精管、尿生殖道、副性腺、阴茎组成（图 1-1-7）。

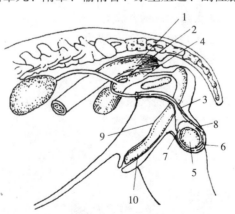

1. 直肠　2. 输精管壶腹　3. 输精管　4. 前列腺　5. 睾丸
6. 附睾头　7. 附睾尾　8. 阴囊　9. 阴茎　10. 阴茎游离端
图 1-1-7　雄犬生殖系统
（杨利国，2003.动物繁殖学）

1. 睾丸 犬的睾丸较小，位于阴囊内，左右各一，呈椭圆形，是产生精子和雄性激素的器官。在繁殖期，睾丸膨大，富有弹性，功能旺盛，能产生出大量的精子。在乏情期，睾丸体积变小、变硬，不具备繁殖能力。雄性激素的作用是促进生殖器官的发育、成熟，维持正常的生殖活动。

2. 输精管道 包括附睾，输精管和尿生殖道，附睾是贮存精子的场所，并使精子达到生理成熟，从而具有使卵子受精的能力，输精管是输送精子的管道，尿生殖道是尿液排出和射精的共用通道。

3. 副性腺 指前列腺，犬没有精囊和尿道球腺，前列腺的分泌物具有给精子营养和增强精子活动的作用

4. 阴茎 犬的交配器官（图1-1-8、图1-1-9、图1-1-10）。犬的阴茎构造比较特殊，有一块长8~10cm的阴茎骨，在阴茎的根部有两个很发达的海绵体，在交配过程中，海绵体充血膨胀，卡在母犬的耻骨联合处，使得阴茎不能拔出而呈栓塞状。这种栓塞状态往往会持续10~30min，有时会更长，此时公犬的阴茎会在母犬的阴道内旋转180°，再次射精。因此，这时决不可强行将两犬分开，否则会严重损伤犬的生殖器。当公、母犬自行脱落后，它们会各自舔舐阴部，这时也不可马上对犬进行牵拉和驱赶，特别是公犬。因为公犬在交配后常常出现腰部凹陷，俗称"掉腰子"，切不可让其进行剧烈的运动。另外，犬交配后不能马上给其饮水，应该让犬休息片刻，活动一段时间后再给饮水。

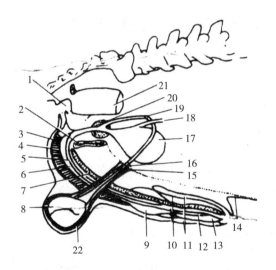

1. 外肛门括约肌　2. 耻骨联合　3. 阴茎退缩肌　4. 球海绵体肌　5. 尿道　6. 尿道海绵体　7. 阴茎海绵体　8. 附睾　9. 龟头球　10. 包皮脏侧　11. 包皮壁侧　12. 龟头体　13. 阴茎骨　14. 腹膜　15. 腹股沟管　16. 阴囊动脉、静脉　17. 膀胱　18. 输尿管　19. 输精管　20. 前列腺　21. 直肠　22. 阴囊

图1-1-8 雄犬阴茎侧面

（中国农业大学，2003. 动物繁殖学）

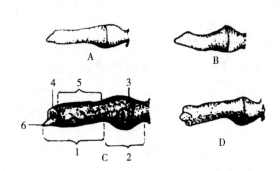

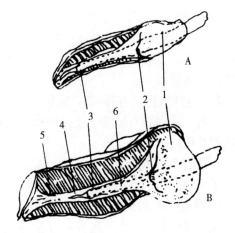

A. 非勃起时　B. 临配种前　C. 交配中　D. 勃起消退

1. 龟头体　2. 龟头球　3. 包皮

4. 龟头冠　5. 龟头颈　6. 尿道突起

图 1-1-9　雄犬阴茎勃起过程示意

（中国农业大学，2003. 动物繁殖学）

A. 松弛状　B. 勃起状

1. 球腺　2. 腺体深层系带　3. 阴茎头部

4. 纤维软骨末端　5. 网眼状鞘　6. 犬阴茎

图 1-1-10　雄犬阴茎解剖结构示意

（叶俊华，2003. 犬繁育技术大全）

 技能训练

技能训练　公畜生殖器官的观察

【训练目的】 经过观察，加深对公畜生殖器官的解剖位置、形态、结构的印象。

【训练材料】

（1）各种公畜生殖器官的实体标本及挂图。

（2）大方盘、解剖刀、剪刀、镊子、探针等。

【方法步骤】

（1）观察公畜外部生殖器官阴囊、阴茎和包皮的外形和位置。

（2）打开阴囊和腹腔，观察公畜睾丸、附睾、精索和输精管的形态、结构及它们之间的位置关系。

（3）观察各种公畜副性腺的形状、大小、位置及其特点。

任务 3　母畜的生殖器官

【任务目标】

知识目标

1. 能准确说出母畜生殖系统的组成。

2. 了解母畜生殖器官的解剖位置和形态特点。

3. 掌握母畜主要生殖器官的生理机能。

技能目标

1. 能认识与区别母畜的生殖器官。
2. 能掌握母畜各主要生殖器官的位置。

【相关知识】

一、母畜生殖系统的组成

牛生殖道

1. 性腺　母畜卵巢。

2. 生殖道　包括输卵管、子宫和阴道（图 1-1-11）。

3. 外生殖器　包括尿生殖道前庭、阴唇、阴蒂。

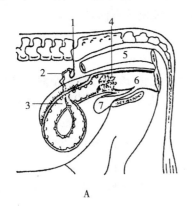

A

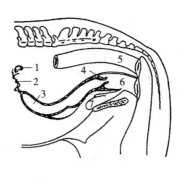

B

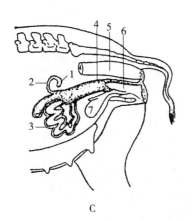

C

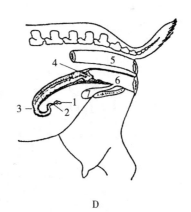

D

A. 母牛　B. 母马　C. 母猪　D. 母羊

1. 卵巢　2. 输卵管　3. 子宫角　4. 子宫颈　5. 直肠　6. 阴道　7. 膀胱

图 1-1-11　母畜的生殖器官

（北京农业大学，1986. 家畜繁殖）

二、母畜各生殖器官的形态、位置及结构

1. 卵巢　卵巢是母畜重要的生殖腺体，左右成对，附着在卵巢系膜上，其附着缘处为卵巢门，血管、神经即由此出入。

（1）形态位置。卵巢的形状、大小和位置因畜种、个体及不同的生理时期而不同。

初生仔猪的卵巢类似肾，表面光滑，一般是左侧稍大，约 5mm×4mm，右侧 4mm× 3mm，位于荐骨岬两旁稍后方；接近初情期时，卵巢增大约为 20mm×15mm，出现许多突出于表面的小卵泡，很像桑葚，初情期后，根据发情周期中时期的不同，卵巢上有大小不等的卵泡、红体或黄体突出于卵巢表面，凹凸不平，似一串葡萄。

牛的卵巢为扁椭圆形，平均大小为 4cm×2cm×1cm。随着发情周期的变化，因有成熟卵泡和黄体突出卵巢表面，而使卵巢外表不平整。未妊娠过的母牛，卵巢多位于骨盆腔内，在耻骨前缘两侧稍后；个别经产母牛卵巢在耻骨联合前或位于腹腔内。

马的卵巢呈蚕豆状，表面光滑，游离缘有一凹陷，称为排卵窝，卵细胞由此排出。中等大小母马的卵巢平均为 4cm×3cm×2cm。左卵巢位于第 4、5 腰椎左侧横突末端下方；右卵巢一般是在第 3、4 腰椎横突之下，靠近腹腔顶，位置比较高而且偏前。

犬的卵巢呈长卵圆形，成年犬卵巢表面凹凸不平，位于第 3 或第 4 腰椎横突腹侧，右侧卵巢比左侧卵巢靠前，卵巢全部位于卵巢囊内。

猫的卵巢呈卵圆形，位于肾后方，表面有许多白色稍透明的囊状卵泡，黄体棕黄色。

（2）组织结构。卵巢表面覆盖着一层生殖上皮。在生殖上皮下面有一薄层由致密结缔组织形成的白膜，白膜内为卵巢实质。

卵巢实质可分为皮质和髓质。皮质位于卵巢外围，内有许多的卵泡，每个卵泡都由位于中央的卵细胞和围绕在卵细胞周围的卵泡细胞组成。根据卵泡的发育程度，可将其分为原始卵泡、生长卵泡和成熟卵泡。髓质位于内部，由结缔组织构成，含有丰富的血管、神经、淋巴管等（图 1-1-12）。

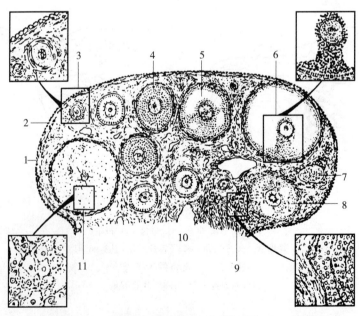

1. 生殖上皮 2. 白膜 3. 初级卵泡 4. 次级卵泡 5. 三级卵泡
6. 成熟卵泡 7. 白体 8. 闭锁卵泡 9. 间质细胞 10. 卵巢门 11. 黄体

图 1-1-12 哺乳动物卵巢结构

（黄功俊，1999. 家畜繁殖）

2. 输卵管

（1）位置形态。输卵管是卵子进入子宫的必经通道，有许多弯曲，包在输卵管的系膜内。输卵管可以分为漏斗部、壶腹部和峡部 3 段：漏斗部为输卵管起始膨大的部分，漏斗的边缘有许多不规则的褶皱，称为输卵管伞。漏斗部后有一个较膨大的结构，称为输卵管壶腹部，壶腹部较长，是卵子受精的地方，壶腹部之后有一个细而长的结构，称为输卵管峡部。壶腹部与峡部的连接处称为壶峡连接部。输卵管与子宫连接处称为宫管连接部。

（2）组织结构。输卵管的管壁从外向内由浆膜、肌层和黏膜构成。肌层可分为内层的环状或螺旋形肌束和外层的纵行肌束，其中混有斜形纤维，使整个管壁能协调地收缩。黏膜上有许多褶皱，其上皮为单层柱状上皮，上皮细胞的游离缘上有纤毛，能向子宫端颤动，有助于卵细胞的运送。

3. 子宫

（1）形态位置。各种家畜的子宫都分为子宫角、子宫体和子宫颈 3 部分。子宫可分为两种类型：牛、羊的子宫角基部之间有一纵隔，将两角分开，称为对分子宫；马无此隔，猪也不明显，均称为双角子宫。子宫角有大小两个弯，大弯游离，小弯供子宫阔韧带附着，血管神经由此出入。

牛的子宫角长 30～40cm，角的基部直径 1.5～3cm，子宫体长 2～4cm（图 1-1-13）。青年及经产胎次较少的母牛，子宫角弯曲如绵羊角，位于骨盆腔内。经产胎次多的母牛，子宫并不能完全恢复为原来的形状和大小，所以经产母牛的子宫常垂入腹腔。两角基部之间的纵隔处有一纵沟，称角间沟。子宫黏膜上有 70～120 个半圆形隆起，称为子宫阜，阜上没有子宫腺，但深部含有丰富的血管。妊娠时子宫阜即发育为母体胎盘。

牛的子宫颈长 5～10cm，粗 3～4cm，壁厚而硬，不发情时管壁封闭很紧，发情时

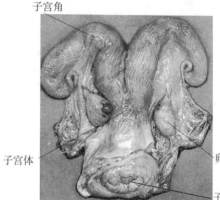

图 1-1-13　母牛生殖器官解剖结构

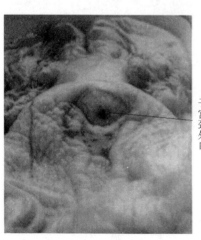
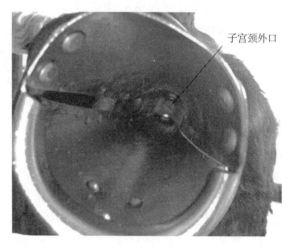

图 1-1-14　牛子宫颈外口

也只是稍微开张（图 1-1-14）。子宫颈阴道部粗大，突入阴道 2～3cm，黏膜上有放射状皱褶，经产牛的皱褶有时肥大如菜花状。子宫颈肌的纵行层和环形层之间有一层稠密的血管网，子宫颈破裂时出血很多。环形层肌和黏膜的固有层构成数道（2～5 道）横的新月形皱襞，彼此嵌合，使子宫颈管成为螺旋状（图 1-1-15）。

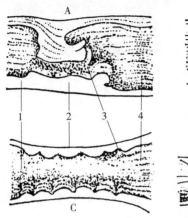
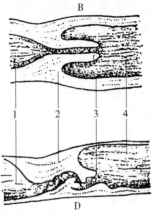

A. 牛的子宫颈　B. 马的子宫颈　C. 猪的子宫颈　D. 羊的子宫颈

1. 子宫体　2. 子宫颈　3. 子宫颈外口　4. 阴道

图 1-1-15　各种家畜的子宫颈（正中矢状面）

（北京农业大学，1986. 家畜繁殖）

羊的子宫颈阴道部仅为上下 2 片或 3 片突出，上片较大，子宫颈外口的位置多偏于右侧。

猪的子宫

猪的子宫角长 1～1.5m，粗 1.5～3cm，形成很多弯曲，似小肠，但管壁较厚，两角基部之间的纵隔不很明显，子宫体长 3～5cm，子宫黏膜形成许多皱襞，充塞于子宫腔。

猪的子宫颈长达 10～18cm，子宫颈后端逐渐过渡为阴道，没有明显的阴道部。而且发情时子宫颈开放，所以给猪输精时，很容易穿过子宫颈将输精器插入子宫体内（图 1-1-16）。

马的子宫角为扁圆桶状，长 15～25cm，粗 3～4cm，前端钝。子宫体发达，长 8～15cm，宽 6～8cm，呈扁圆筒状。两角和子宫体相连，形成 Y 形，相连处称为子宫底（或称分叉部）。子宫黏膜形成许多纵行皱襞，充塞于子宫腔。

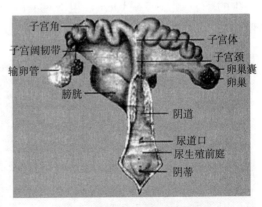

图 1-1-16　母猪生殖器官构造

马的子宫颈阴道部长 2～3cm，黏膜上有放射状皱襞，不发情时，子宫颈封闭，但收缩不紧，可容一指伸入，发情时开放很大。

（2）组织结构。子宫的组织结构从内向外依次为黏膜、肌层及浆膜。黏膜又称为子宫内膜，内有子宫腺，其分泌物可为妊娠早期的胚胎提供营养。肌层的外层薄，为纵行肌纤维；

内层厚，为螺旋形的环状肌纤维。两层平滑肌之间含有丰富的血管和神经。子宫壁最外层是浆膜层，与子宫阔韧带的浆膜相连。

4. 阴道 阴道为母畜的交配器官，又是胎儿产出的通道。位于骨盆腔内，在直肠和膀胱之间。阴道腔为一扁平的缝隙，前端有子宫颈阴道部突入其中，子宫颈阴道部周围的阴道腔称为阴道穹隆（猪无），后端与尿生殖前庭相接。阴道壁黏膜呈粉红色，有许多纵褶。

5. 尿生殖前庭 尿生殖前庭为阴道至阴门之间的短管，前高后低，稍微倾斜。其前端腹侧有一横行的黏膜褶，称为阴瓣。前庭自阴门下联合至尿道外口，尿道外口的后方两侧有前庭小腺的开口，背侧有前庭大腺的开口。

6. 阴门 阴门由左右两片阴唇构成，其上下端联合处形成阴门的上下角。在下端联合处内有凸出的阴蒂，由勃起组织构成，富有神经，上联合与肛门之间的部分称为会阴部。

三、卵巢、输卵管和子宫的生理机能

1. 卵巢

（1）卵泡发育和排卵。卵巢皮质部分布有许多原始卵泡，它经过次级卵泡、三级卵泡和成熟卵泡阶段的发育后，在一定条件下，成熟卵泡最终破裂并排出卵子。排卵后，在原卵泡处形成黄体。

（2）分泌雌激素和孕激素。雌激素主要由卵泡内膜细胞分泌。孕激素则主要由排卵后形成的黄体分泌。

2. 输卵管

（1）接纳、运送生殖细胞。从卵巢排出的卵子先到输卵管伞部，借纤毛的活动将卵子运送到输卵管壶腹部，同时将精子反向由峡部向壶腹部运送。

（2）精子获能、受精及卵裂的场所。精子在受精前，需要有一个"获能"过程，除子宫外，输卵管也是精子的获能部位。壶腹部是卵子受精的场所，受精卵边卵裂边向峡部和子宫角运行。

（3）分泌机能。输卵管的分泌物主要是各种氨基酸、葡萄糖、乳酸、黏蛋白和黏多糖，它是精子、卵子及早期胚胎的培养液。输卵管及其分泌物的生理生化状况是精子和卵子正常发育及运行的必要条件。

3. 子宫

（1）子宫壁平滑肌的收缩作用。母畜发情时子宫壁平滑肌收缩能加快精子的运行速度，使精子尽快到达输卵管受精部位，分娩时，强有力的阵缩可排出胎儿。

（2）为孕育胎儿创造有利条件。子宫内膜腺体分泌的物质可为早期胚胎提供营养；子宫内膜形成母体胎盘，与胎儿胎盘结合成为胎儿与母体之间交换营养及排泄物的器官；子宫是胎儿发育的场所，子宫随胎儿生长的需求，在大小、形态及位置上可发生显著的适应性变化。

（3）分泌前列腺素调节发情周期。在发情季节，如果母畜未孕，在发情周期的一定时期，子宫角内膜所分泌的前列腺素对同侧卵巢的周期黄体有溶解作用，黄体被溶解后，垂体又大量分泌促卵泡素，引起卵泡生长发育，导致发情。妊娠后，不释放前列腺素，黄体继续存在，所分泌的孕激素可维持母畜正常妊娠。

（4）防御功能。子宫颈是子宫的门户。平时子宫颈关闭，以防异物侵入子宫腔，发情时稍开张，以利于精子进入，同时子宫颈分泌大量黏液，该黏液是交配的润滑剂，妊娠时，子宫颈柱状细胞分泌黏液堵塞子宫颈管，防止外界病原微生物侵入。

（5）精子的"选择性贮库"之一。母畜发情配种后，开张的子宫颈口有利于精子逆流进入。子宫颈黏膜隐窝内可积存大量精子，同时滤除缺损和不活动的精子，所以它是防止过多精子进入受精部位的第 1 道栅栏。

任务 4   雌犬、雌猫的生殖器官

【任务目标】

知识目标

1. 能准确说出雌犬、雌猫生殖系统的组成。
2. 了解雌犬、雌猫生殖器官的解剖位置和形态特点。
3. 掌握雌犬、雌猫主要生殖器官的生理机能。

技能目标

1. 能认识与区别雌犬、雌猫的生殖器官。
2. 能掌握雌犬、雌猫各主要生殖器官的位置。

【相关知识】

一、雌犬生殖系统的组成

雌犬的生殖系统主要由卵巢、输卵管、子宫、阴道、阴门组成（图 1-1-17、图 1-1-18）。

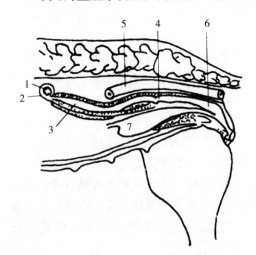

1. 卵巢 2. 输卵管 3. 子宫角
4. 子宫颈 5. 直肠 6. 阴道 7. 膀胱

图 1-1-17   雌犬生殖器官

（杨利国，2003. 动物繁殖学）

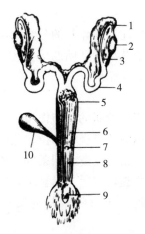

1. 输卵管 2. 卵巢 3. 卵巢固有韧带 4. 子宫角 5. 子宫颈
6. 阴道 7. 尿道开口 8. 阴道前庭 9. 阴蒂 10. 膀胱

图 1-1-18   雌犬泌尿、生殖器官

（杨利国，2003. 动物繁殖学）

1. 卵巢 位于第 3 或第 4 腰椎的腹侧，肾的后方，呈长卵圆形，稍扁平，是产生卵子和雌性激素的器官。

2. 输卵管 是输送卵子和受精的管道，长 5～8cm。卵子由卵巢排出后，即进入输卵管里，在此与精子相遇，完成受精过程，并被输送到子宫内发育。

3. 子宫 是胎儿发育的场所，犬的子宫属于双角子宫，子宫角细长，内径均匀，没有弯曲，两侧子宫角呈 V 形。子宫体短小，只有子宫角的 1/6～1/4（图 1-1-19）。

胎儿在子宫角内发育，由于子宫角比较发达，因此，一窝最多时可产十几只仔犬。

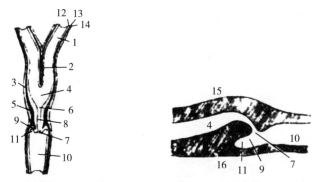

1. 子宫角　2. 中隔　3. 子宫体　4. 子宫体腔　5. 子宫颈　6. 子宫颈管内口

7. 子宫颈管外口　8. 子宫颈管　9. 子宫颈阴道部　10. 阴道　11. 阴道前部

12. 子宫黏膜　13. 子宫肌层　14. 子宫浆膜　15. 子宫颈背侧壁　16. 子宫颈腹侧壁

图 1-1-19　雌犬的子宫断面

（范作良，2001. 家畜解剖）

4. 阴道 是交配器官和胎儿产出的通道。犬的阴道比较长，环形肌发达（图 1-1-20）。

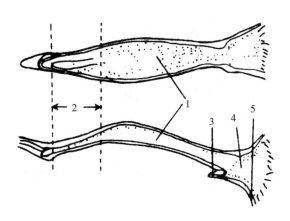

1. 阴道　2. 子宫颈后褶长度　3. 尿道　4. 前庭　5. 阴蒂窝

图 1-1-20　雌犬的生殖道

（崔泰保，鄢珣，2003. 藏獒的选择与养殖）

5. 阴门 为外生殖器官，包括阴唇和阴蒂，在发情期呈规律性变化，是识别发情与否的重要标志。

二、雌猫生殖系统的组成

母猫的生殖系统主要由卵巢、输卵管、子宫、阴道组成（图1-1-21）。

1. 卵巢 雌性生殖腺，是产生卵子和雌性激素的器官，位于肾后。

2. 输卵管 输送卵细胞，同时也是受精的地方。

3. 子宫 胎儿生长发育的器官，其中空且延展性好。

4. 阴道 母猫交配与分娩的通道，位于骨盆底部。

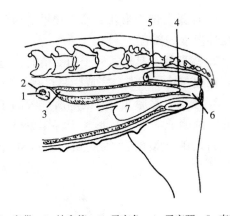

1. 卵巢 2. 输卵管 3. 子宫角 4. 子宫颈 5. 直肠
6. 阴道 7. 膀胱

图1-1-21 雌猫生殖器官

（杨利国，2003. 动物繁殖学）

 技 能 训 练

技能训练一 母畜生殖器官的观察

【训练目的】 认识母畜生殖器官的形态结构。

【训练材料】

（1）母畜生殖系统各器官的标本。

（2）母畜各生殖器官的模型、挂图等。

（3）解剖盘、剪刀、镊子、解剖刀、尺子等。

【方法步骤】

（1）观察母畜生殖器官标本、熟悉各生殖器官的形态和位置。

（2）解剖母畜的生殖系统，观察卵巢、输卵管、子宫、阴道、尿生殖道前庭的形态、结构、位置及各器官之间的位置关系。

（3）观察母畜卵巢（不同发育阶段卵泡、黄体）的大小、形状、位置及其结构特点。

（4）观察对比各种母畜的子宫，输卵管的形状、长度、部位及阴道的长度、宽窄和外生殖器官的结构等。

技能训练二 卵巢组织切片观察

【训练目的】 认识卵巢的组织结构。

【训练材料】 母畜卵巢切片、显微镜。

【方法步骤】

（1）显微镜准备。

（2）观察。先用低倍镜，再用高倍镜观察卵巢的组织切片。可观察到不同发育阶段的卵泡构造（原始卵泡、初级卵泡、成熟卵泡）和不同发育阶段的黄体细胞。

 **自我测试**

简答题

1. 公畜生殖器官由哪些部分组成？睾丸、附睾和副性腺的结构有哪些主要特点？

2. 睾丸、附睾和副性腺有哪些主要生理功能？

3. 母畜生殖器官由哪些部分组成？卵巢、输卵管和子宫的结构有哪些主要特点？

4. 卵巢、输卵管和子宫有哪些主要生理机能？

5. 公猫、公犬的生殖器官由哪些部分组成？

6. 雌犬、雌猫的生殖系统由哪些部分组成？

7. 公犬的阴茎构造有何特殊之处？

项目二

家禽的生殖系统

【项目任务】

1. 掌握家禽生殖系统的组成。
2. 了解家禽各生殖器官的形态结构。
3. 掌握家禽各生殖器官的生理机能。

任务 1　公禽的生殖系统

【任务目标】

知识目标

1. 掌握公禽生殖系统的组成。
2. 了解公禽各生殖器官的形态结构。
3. 掌握公禽各生殖器官的生理机能。

技能目标

熟悉公禽各生殖器官的位置及形态结构。

【相关知识】

一、公禽生殖系统的组成

公禽的生殖系统与家畜有所不同，公禽睾丸位于腹腔，附睾不发达，阴茎不发达（图 1-2-1）。

二、公禽各生殖器官的形态结构和生理机能

1. 睾丸　睾丸一对，呈椭圆形，左右对称，位于腹腔内，紧靠肾前下方。睾丸的大小和颜色随公禽年龄和性活动期不同而有很大变化。雏禽睾丸很小，有米粒或黄豆大，呈淡黄色或带有其他色斑；成年禽的睾丸可达橄榄大小，呈乳白色。睾丸内部无纵隔，小梁很少，也未形成睾丸小叶，有丰富的精曲细管和精直细管，但间质较少，内有间质细胞。睾丸的机能是精细管产生精子，间质细胞分泌雄性激素。精液呈弱碱性，pH 为 7.0~7.6。公禽每次射精量较少，但精子浓度较高。精液品质受年龄、营养、交配次数、气温、光照及内分泌等

因素的影响。公鸡一般在 10～12 周龄时可采到精液，但到 22 周龄才有受精率较高的精液。1～1.5 岁公禽的精液质量最佳。雄性激素对生殖器官的生长发育和第二性征的发育起重要作用。

2. 附睾 附睾位于睾丸内侧凹陷部，其前端连接睾丸，后端与输精管相通。附睾由睾丸的精管网构成，不发达，只在繁殖季节稍发达，为精子贮存和进一步发育的场所。

3. 输精管 禽类没有副性腺，由睾丸产生的精子通过较短的附睾管进入输精管。输精管是两条弯曲的白色细管，位于脊柱两侧，与输尿管伴行，向后逐渐变粗，末端形成射精管，呈乳头状突入泄殖腔中。输精管具有分泌精清的功能，是精子成熟和贮藏的场所，同时把精子运送到交配器官。

4. 阴茎 为交配器官。公鸡无真正的阴茎，但有完整的交媾器，位于泄殖腔肛道底壁正中近肛门处。刚孵化出的雏鸡的交媾器较明显，可用来鉴别雌雄。公鸡交配时，通过勃起的交媾器与母鸡外翻的阴道接通，将精液注入母鸡阴道。

公鸭、公鹅的交配器官较发达，它由两个纤维淋巴体及一个产生黏液的腺管形成螺旋状的射精沟，勃起时淋巴体内充满淋巴，阴茎伸出，精沟则闭合成管，将精液导入雌性生殖道内。

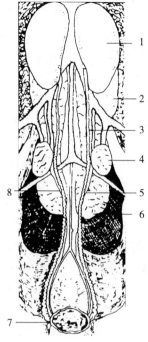

1. 睾丸 2. 肾前叶 3. 输精管
4. 肾中叶 5. 输尿管 6. 肾后叶
7. 泄殖腔 8. 输尿管
图 1-2-1 公鸡的生殖器官
（黄功俊，1999. 家畜繁殖）

任务2 母禽的生殖系统

【任务目标】

知识目标
1. 掌握母禽生殖系统的组成。
2. 了解母禽各生殖器官的形态结构。
3. 掌握母禽各生殖器官的生理机能。

技能目标
熟悉母禽各生殖器官的形态结构及位置。

【相关知识】

一、母禽生殖系统的组成

母禽生殖器官包括卵巢和输卵管。其特点是只有左侧的卵巢和输卵管正常发育，而且输卵管特别发达，右侧卵巢和输卵管于孵化的第 7～9 天就停止发育，到孵出时已退化，仅留残迹。

二、母禽各生殖器官的形态结构和生理机能

1. 卵巢 卵巢位于腹腔中线稍偏左侧，在肾前叶的前方。雏鸡为薄片状，产蛋鸡为葡萄状，上有大小不等、正在发育的成熟或未成熟卵泡。排卵前卵巢直径约 40mm，卵巢上的卵泡数目，鸡为 1 000～3 000 个，每个卵泡有 1 个卵，每个卵上有 1 个排卵点，在排卵点处无血管分布。卵巢的血液供应丰富。禽卵泡的特点是没有卵泡腔及卵泡液，排卵后不形成黄体。卵巢的机能是产生卵子和分泌雌性激素。

2. 输卵管 输卵管是一条长而弯曲的管道，前端开口于左侧下方，后端开口于泄殖腔。沿左侧腹腔的背侧面向后行，以输卵韧带悬挂于腹腔顶壁。输卵管既是输送卵子的通道，又是卵子受精的场所，也是受精卵开始卵裂和蛋壳形成的地方。母禽输卵管前端开口于卵巢的下方，后端开口于泄殖腔。按其结构与机能不同，输卵管可分为漏斗部（伞部）、蛋白分泌部（膨大部）、峡部、子宫部和阴道部。

（1）漏斗部。是输卵管的起始部，呈漏斗状，中央有一较宽的输卵管腹腔口，向后逐渐过渡为狭窄的管道，四周有游离的浆膜褶，产蛋期间长度为 3～9cm。漏斗部接纳卵巢排出的卵子，精子在此部与卵子结合受精。卵子在此停留约 18min。

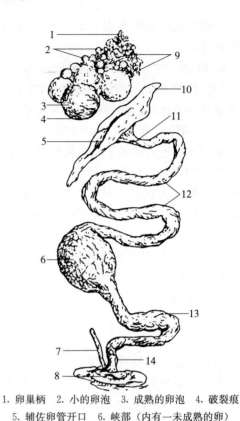

1. 卵巢柄 2. 小的卵泡 3. 成熟的卵泡 4. 破裂痕
5. 辅佐卵管开口 6. 峡部（内有一未成熟的卵）
7. 退化的输卵管 8. 泄殖腔 9. 排空的卵泡
10. 漏斗部 11. 漏斗的颈部 12. 蛋白分泌部
13. 子宫部 14. 阴道部

注：此图峡部内有运输到此的卵

图 1-2-2 母鸡的生殖器官

（黄功俊，1999. 家畜繁殖）

（2）蛋白分泌部。是输卵管最长、弯曲最多的部分，长 30～50cm，前端连接漏斗部，界限不明显，后端以明显窄环与峡部区分。产卵期的雌禽输卵管特别发达，壁肥厚，黏膜形成纵褶，密生两种腺管，其中管状腺分泌稀蛋白，单细胞腺分泌浓蛋白。卵蛋白和卵黄系膜均在该段形成，卵在此部停留 2～3h。

（3）峡部。又称管腰部，是蛋白分泌部和子宫交界处较狭窄的部位，为输卵管较窄和较短的一段，长约 10cm，内部纵褶不明显。主要作用是分泌部分蛋白和形成蛋白内外壳膜。卵在此部停留约 75min。

（4）子宫部。是峡部之后膨大的部分，呈袋状，管壁厚，肌肉发达，长 10～12cm。黏膜形成纵横的深褶，黏膜内有分泌钙质、角质和色素的壳腺，肌层中分布螺旋状的平滑肌纤维。子宫部主要作用是使旋转中的"软蛋"外表包裹硬壳和形成蛋壳表面的色素。蛋在子宫部停留 19～20h。

（5）阴道部。是子宫部后上方变窄的管段，长 10～12cm，末端从左侧通入泄殖腔中。阴道肌层发达，黏膜形成较细皱褶。交配时，阴道翻出接受公禽射出的精液，大量精子从阴

道部向输卵管漏斗部运行，而部分精子迅速进入精窝腺皱褶内贮存。精窝腺贮存的精子，以后在一定时间内陆续释放，使受精作用能持续进行。贮存在黏膜皱褶中的精子可存活 20～30d。精子在输卵管内运行很快，经过 26min 就可到达输卵管上端。蛋经过阴道时，在卵壳上被覆一层薄的壳角质。蛋产出时，阴道自泄殖腔翻出。

 自 我 测 试

简答题

1. 公禽生殖系统由哪些部分组成？

2. 母禽生殖系统由哪些部分组成？

3. 母禽输卵管由哪些部分组成？

4. 公禽睾丸、附睾、输精管、阴茎有哪些主要生理功能？

模块二

生殖激素

模块提示

【基本知识】

1. 生殖激素的概念与分类。
2. 生殖激素的作用特点。
3. 生殖激素的临床应用。
4. 外激素的概念及生产实践中的应用。

【基本技能】

能进行生殖激素的临床应用。

项目一

生殖激素概述

任务　生殖激素的概念、种类与作用特点

【任务目标】

知识目标

1. 了解生殖激素的名称、来源、化学性质。
2. 掌握生殖激素主要功能。

技能目标

能进行生殖激素的临床应用。

【相关知识】

一、生殖激素的概念

激素是由动物机体内分泌腺产生、经体液循环或空气传播等方式作用于靶器官或靶细胞，具有调节动物机体生理机能的一系列微量生物活性物质。直接作用于动物生殖器官、对生殖活动有直接作用的激素，统称为生殖激素。生殖激素由动物内分泌腺分泌，故又称之为生殖内分泌腺激素。生殖激素分泌紊乱常常是家畜不育的重要原因。

二、生殖激素的种类

生殖激素的分类方法很多，根据不同的分类依据可以分成不同的类型。如根据来源和功能的不同可将生殖激素大致分为 5 类：

1. 脑部激素　由脑部各区神经细胞核如下丘脑、松果体、脑垂体等分泌，主要调节下丘脑和垂体生殖激素的分泌活动。

2. 性腺激素　由雄性动物性腺睾丸和雌性动物性腺卵巢分泌产生。

生殖激素
分类

3. 胎盘激素 由雌性动物胎盘产生，对于妊娠维持和分娩启动具有直接作用。

4. 外激素 由外分泌腺分泌产生，主要借助于空气和水传播作用于靶器官或靶细胞，从而影响动物的性行为和性机能。"外激素"不是激素，而是动物不同个体间的"化学通讯物质"，在动物繁殖中有重要意义，因此，也将它们列入生殖激素。

5. 其他组织器官分泌的激素 生殖系统外的所有组织器官均可分泌，有很多激素对卵泡发育、黄体消退具有直接的作用。

根据化学性质，又可将生殖激素分为 3 类：蛋白质类激素、类固醇类激素、脂肪酸类激素。主要的生殖激素名称、来源、性质和主要功能归纳如表 2-1-1。

三、生殖激素的作用特点

1. 生殖激素必须与其受体结合后才能产生生物学效应 各种生殖激素均有一定的靶细胞或靶器官，并且是一一对应的，生殖激素必须与靶器官或靶细胞中的特异性受体结合后才能产生生物学效应。受体与激素的结合能力影响生殖激素的生物学活性水平。通常来说，结合能力越强，激素的生物学活性越高，受体水平或结合能力下降时，激素的生物学活性受到影响。

表 2-1-1　主要生殖激素的名称、来源、化学性质和主要功能

种类	名称	简称	来源	化学性质	主要功能
神经激素	促性腺激素释放激素	GnRH	下丘脑	十肽	促进垂体前叶释放 FSH 和 LH
	促乳素释放因子	PRF	下丘脑	多肽	促进垂体前叶释放 PRL
	促乳素抑制因子	PIF	下丘脑	多肽	抑制垂体前叶释放 PRL
	促甲状腺素释放激素	TRH	下丘脑	三肽	促进垂体前叶释放促甲状腺素和 PRL
	催产素	OXT	下丘脑合成，垂体后叶释放	九肽	促进子宫收缩、排乳
	松果体激素		松果腺	小分子肽或氨基酸衍生物	抑制哺乳动物性腺发育，将外界光照刺激转变为内分泌信息
垂体前叶激素	促卵泡素	FSH	垂体前叶	糖蛋白	促进卵泡发育和精子发生
	促黄体素	LH	垂体前叶	糖蛋白	促进卵泡成熟、排卵、黄体形成，促进雄激素分泌
	促乳素	PRL	垂体前叶	糖蛋白	促进乳腺发育及泌乳、促进黄体分泌孕酮
性腺激素	雌激素	E	卵巢、胎盘	类固醇	促进发情，维持雌性第二性征，刺激雌性生殖道和乳腺管道系统的发育，增强子宫收缩能力
	孕激素	P	卵巢、胎盘	类固醇	低浓度时与雌激素协同引起发情行为，高浓度时抑制发情；维持妊娠；促进乳腺发育

（续）

种类	名称	简称	来源	化学性质	主要功能
性腺激素	雄激素	A	睾丸间质细胞	类固醇	维持雄性第二性征和性欲，促使精子的发生和副性腺发育
	松弛素	RLX	卵巢、胎盘	多肽	分娩时促进子宫颈、耻骨联合、骨盆韧带松弛
	抑制素	IBN	卵巢、睾丸	糖蛋白	抑制垂体分泌 FSH
胎盘激素	人绒毛膜促性腺激素	HCG	灵长类胎盘绒毛膜	糖蛋白	与 LH 相似
	孕马血清促性腺激素	PMSG	马胎盘	糖蛋白	具有 FSH 和 LH 作用，以 FSH 为主
其他	前列腺素	PG	广泛分布，精液最多	不饱和脂肪酸	溶解黄体，促进子宫收缩
	外激素		外分泌腺		促进性成熟，影响性行为

2. 在动物机体中，生殖激素由于受裂解酶的作用，其活性丧失很快　生殖激素的生物学活性在体内消失一半所需的时间，称为半存留期或半衰期。半存留期短的生殖激素，一般呈脉冲式释放，在体外必须多次提供才能产生生物学效应。相反，半存留期长的激素，一般只需一次供药就可产生生物学效应。

3. 微量生殖激素即可产生巨大的生物学效应　生理状况下，动物体内生殖激素的含量极低，但其所起的生理作用十分明显。

4. 生殖激素的生物学效应与动物所处的生理时期及激素的用量和使用方法有关　同种激素在不同的生理时期或不同使用剂量和使用方法条件下，所引起的作用不同。例如，在动物发情排卵后一定时期连续使用孕激素，可诱导发情；但在发情时使用孕激素，则可抑制发情。在妊娠期使用低剂量的孕激素，可以维持妊娠；但如果大剂量使用后，突然停止，则可终止妊娠，导致流产。

5. 生殖激素间具有协同或拮抗作用　某种生殖激素在另一种或多种生殖激素的参与下，其生物学活性显著提高，这种现象称为协同作用。相反，一种激素如果抑制或减弱另一种激素的生物学活性，则该激素对另一种激素具有拮抗作用。

6. 分子结构类似的生殖激素一般具有类似的生物学活性

项目二

生殖激素的功能和应用

【项目任务】

    1. 掌握生殖激素的作用。
    2. 了解生殖激素在生产中的应用。
    3. 了解生殖激素的来源。

任务 生殖激素的生理功能和应用

【任务目标】

知识目标

1. 了解五类生殖激素的生理作用。

2. 掌握生殖激素在生产中的应用。

3. 了解生殖激素的来源。

技能目标

能掌握生殖激素在生产实践中的应用操作。

【相关知识】

一、脑部激素

1. 促性腺激素释放激素（GnRH） 促性腺激素释放激素的商品名有"舒牛 GnRH-注射用戈那瑞林""注射用促黄体素释放激素 A_2（LHRH-A_2）""仔多多""注射用促排卵 3号"等。

（1）来源与特性。促性腺激素释放激素主要由下丘脑的特异性神经核合成，是一种十肽激素。由于自身结构方面的原因，如肽链上第 6 位与第 7 位，以及第 9 位与第 10 位氨基酸之间的肽键极易被裂解酶分解，故 GnRH 在生物机体内极易失活。用人工方法合成的 GnRH 类似物，如国产的促排Ⅲ号和国外的"巴塞林"等，其生物学活性比天然的 GnRH高数十倍甚至数百倍。

（2）生理作用。促性腺激素释放激素对雄性动物有促进精子发生和增强性欲的作用；对雌性动物有诱导发情、排卵及提高配种受胎率的作用。

（3）应用。由于 GnRH 及其类似物的大量合成，目前在动物繁殖上得到广泛应用。①治疗雄性动物性欲低，精液品质下降。②诱导母畜发情排卵。③治疗雌性动物卵泡囊肿和排卵异常等病症。④提高配种受胎率。母猪和母牛发情配种时，注射 GnRH 可明显提高配种受胎率。

2. 催产素（OXT）　催产素的商品名有"缩宫素""产轻松"等。

（1）来源与特性。催产素是由下丘脑合成，在神经垂体中贮存并释放的下丘脑激素。羊卵巢上的大黄体细胞和牛卵巢上的黄体细胞也可分泌催产素。

（2）生理作用。催产素的生理功能主要表现在以下 3 个方面：

①可以刺激哺乳动物乳腺上皮细胞收缩，导致排乳。当幼畜吸吮时，生理刺激传入母畜下丘脑，引起下丘脑活动，进一步促进神经垂体呈脉冲性释放催产素。在给奶牛挤乳前按摩乳房，利用排乳反射引起催产素水平升高，从而促进乳汁排出。

②可以刺激子宫壁平滑肌收缩。母畜分娩时，催产素水平升高，使子宫阵缩增强，迫使胎儿产出。产后幼畜吮乳可加强子宫收缩，有利于胎衣排出和子宫复原。

③可以刺激子宫分泌前列腺素，引起黄体溶解从而诱导发情。

（3）应用。催产素常用于促进分娩，治疗胎衣不下、子宫脱出、产后子宫出血和子宫内容物（如恶露、子宫积脓等）的排出等。使用催产素时，事先用雌激素处理，可增强子宫对催产素的敏感性。使用催产素必须注意用药时机，在子宫颈口尚未开放、骨盆过狭以及产道有阻碍时忌用，否则子宫壁平滑肌强烈收缩会导致胎儿死亡或子宫撕裂等。

3. 松果体激素　松果体又名松果腺，因形似松果而得名，位于脑的上方，又称脑上腺。松果体分泌的主要激素是褪黑素（MLT）。

（1）来源与特性。褪黑素由松果体分泌产生，其化学名称是 5-甲氧基-N-乙酰色胺，褪黑素的合成和分泌与光照有关，在光照条件下，褪黑素的合成与分泌受到抑制。

（2）生理作用。

①MLT 主要是引起性腺萎缩，以及影响生殖细胞的形成，尤其是禽类。如蛋鸡，冬季产蛋量会明显下降，其原因就是冬季日照短，褪黑素的合成与分泌较多，生殖细胞（鸡蛋）的生成受到影响，从而导致产蛋量下降。为避免这种情况出现，冬季可进行人工光照以提高产蛋量。

②MLT 对生长有促进作用，MLT 可使血液中 FSH 及 LH 的水平降低，生长激素（GH）水平升高。

4. 垂体促性腺激素　垂体位于颅底蝶骨构成的垂体窝内，由腺垂体和神经垂体两部分构成。垂体所分泌的激素主要有促卵泡素、促黄体素和促乳素等。

（1）促卵泡素（FSH）。其商品名有"注射用垂体促卵泡素"等。

①来源与特性。促卵泡素是由腺垂体前叶碱性细胞粒细胞所分泌，是一种糖蛋白激素。

②生理作用。对雄性动物，主要是促进生精上皮发育和精子的形成；对雌性动物，主要是刺激卵泡生长和发育，在促黄体素的协同作用下，刺激卵泡成熟并排卵。

③应用。在动物生产及兽医临床上，促卵泡素常用于诱导母畜发情排卵、超数排卵和治疗卵巢机能疾病等。

（2）促黄体素（LH）。其商品名有"注射用垂体促黄体素"等。

①来源与特性。促黄体素也由腺垂体前叶碱性粒细胞分泌，也是一种糖蛋白激素。

②生理作用。对雄性动物，促黄体素可刺激睾丸间质细胞分泌睾酮，对精子的最后成熟起决定性作用；对雌性动物，促黄体素可促使卵巢血流加速，在促卵泡素作用的基础上引起排卵，促进黄体的生成，并维持黄体分泌孕酮。

③应用。在动物生产中，LH用于治疗卵泡囊肿、排卵延迟、黄体发育不全等病症。FSH与LH合用可治疗卵巢功能静止或卵泡中途萎缩。

（3）促乳素（PRL）。

①来源与特性。促乳素由腺垂体前叶嗜酸性的促乳素细胞分泌产生，是一种糖蛋白激素。

②生理作用。促乳素具有促进乳腺发育和乳汁生成，以及抑制性腺机能发育等作用。在奶牛生产中发现，产乳量高的奶牛配种受胎率会降低，这是因为高产奶牛血液中PRL的水平较高，抑制卵巢机能发育，影响发情周期，所以配种受胎率降低；在禽类，PRL通过抑制卵巢对促性腺激素的敏感性而引起母禽抱窝。

二、性腺激素

由睾丸和卵巢分泌的激素，统称为性腺激素。根据化学性质可将性腺激素分为两大类，即性腺类固醇类激素（雄激素、雌激素、孕激素）和性腺含氮激素（松弛素）。

1. 雄激素（A）

（1）来源与特性。主要是由睾丸间质细胞分泌产生，雄激素中最主要的功能成分为睾酮。

（2）生理作用。①动物幼年时期，雄激素对于维持生殖器官和雄性第二性征的发育具有重要作用。②对于成年动物，雄激素可刺激精细管发育，有利于精子的生成。③维持雄性性欲。④延长附睾中精子的寿命。

（3）应用。雄激素在临床上主要用来治疗公畜性欲不强和性机能减退，常用的雄激素为丙酸睾酮。

2. 雌激素（E）

（1）来源与特性。雌激素主要来源于卵泡内膜细胞和卵泡颗粒细胞。此外，肾上腺皮质、胎盘和雄性动物睾丸也可分泌产生少量的雌激素。雌激素的主要功能成分是雌二醇。

（2）生理作用。①促进乳腺管状系统发育。②促使母畜发情和生殖管道发生变化。③促进母畜第二性征的发育。④促进母畜生殖器官的发育。⑤大量的雌激素可造成公畜睾丸萎缩，副性器官退化，出现不育，称为化学去势。

（3）应用。雌激素在临床上主要配合其他激素用于诱导母畜发情、人工刺激泌乳、胎盘滞留、人工流产等。

3. 孕激素（P）　其商品名有"黄体酮"等。

（1）来源与特性。在雌性动物第1次出现发情特征之前以及所有雄性动物中，孕激素主要由卵泡内膜细胞、卵泡颗粒细胞或睾丸间质细胞及肾上腺皮质细胞分泌；雌性动物第1次发情并形成黄体后，孕激素主要由卵巢上的黄体分泌；此外，胎盘也可以分泌孕激素。孕激素的种类很多，以孕酮（黄体酮）为其主要功能形式。

（2）生理作用。①促进子宫黏膜层加厚，腺体分泌活动增强，有利于胚胎早期发育。②抑制子宫壁平滑肌收缩，保持一个稳定的宫内环境，维持妊娠。③促进子宫颈口收缩，子宫颈黏液变黏稠，形成子宫栓，有利于保胎。④促进母畜生殖道发育。⑤促进乳腺泡状系统发育。

（3）应用。孕激素主要用于治疗因黄体机能失调而引起的习惯性流产、诱导发情和同期发情等。

4. 松弛素（RLX） 松弛素主要来源于哺乳动物妊娠期间的黄体，子宫和胎盘也可产生。松弛素的主要功能是使骨盆韧带及耻骨联合松弛，使子宫颈口开张，以利于分娩时期胎儿产出。

三、胎盘激素

胎盘是胎儿与母体之间进行物质交换的器官，还是一个非常重要的内分泌器官。母畜在妊娠期间，胎盘几乎可以产生下丘脑、垂体、性腺等所产生的所有激素。在临床上应用价值比较大的激素主要有孕马血清促性腺激素和人绒毛膜促性腺激素。

1. 孕马血清促性腺激素（PMSG） 其商品名有"同发素""注射用血促性素"等。

（1）来源与特性。孕马血清促性腺激素主要存在于妊娠母马的血清当中。妊娠 38～40d 即可测出，60～120d 浓度最高，此后逐渐下降，到 170d 后消失。PMSG 是一种糖蛋白激素，现已可进行人工合成并在生产中广泛应用。

（2）生理作用。①具有类似促卵泡素和促黄体素的双重活性，以促卵泡素功能为主。②能促使公畜精细管发育和性细胞分化。

（3）应用。孕马血清促性腺激素是一种经济实用的促性腺激素，在生产上常用以代替昂贵的促卵泡素，广泛应用于家畜的诱导发情、超数排卵。在临床上对卵巢发育不全、繁殖机能减退、长期不发情、公畜性欲不强和生精机能减退等都有很好的效果。

2. 人绒毛膜促性腺激素（HCG） 其商品名有"多情素"等。

（1）来源与特性。HCG 是一种糖蛋白激素，主要是由人类和灵长类动物妊娠早期的胎盘绒毛膜滋养层细胞分泌，存在于尿液中。HCG 约在受孕第 8 天开始分泌，妊娠第 8～9 周时升至最高。然后第 21～22 周时降至最低。

（2）生理作用。HCG 的活性与 LH 很相似，在临床上是 LH 的理想替代品。

（3）应用。①刺激母畜卵泡成熟和排卵。②与 FSH 或 PMSG 结合使用，可提高同期发情和超数排卵的效果。③治疗雄性动物睾丸发育不良、性欲减退，以及雌性动物的排卵延迟、卵泡囊肿、孕酮下降所引起的习惯性流产等。

四、前列腺素（PG）

前列腺素的商品名有"多宝素""氯前列烯醇"等。

1. 来源与特性 前列腺素的化学结构是一种不饱和脂肪酸，几乎存在于机体的各组织和体液中，主要来源于精液、子宫内膜、母体胎盘和下丘脑，在血液循环中消失很快。前列腺素的类型很多，有 A、B、C、D、E、F、G、H、I 等 9 型，其中 PGF 和 PGE 与家畜的生殖活动关系最为密切。在 PGF 中 $PGF_{2\alpha}$ 为其主要功能形式。

2. 生理作用 ①溶解黄体、使黄体退化。②促使排卵。③刺激子宫和输卵管平滑肌收缩。

3. 应用 ①诱发流产和分娩。②用于诱导发情和同期发情。③治疗母畜卵巢囊肿及子宫疾病。④促进排卵。

五、外激素

外激素是同种动物个体之间，用作传递有关动物种类、性别、群体中的地位、行动方向、发情等信息的化学物质。这种物质由某一个体释放至体外，对同种另一个体的行为或生理产生特定效应，它通过空气或水进行传播，靠动物嗅觉来识别。

能够引起动物性行为的外激素一般称为性外激素。性外激素可引诱配偶或刺激配偶进行性交配，加速青年动物到达初情期，对动物的繁殖起着非常重要的作用。如公猪的睾丸中可以合成有特殊气味的类固醇类物质，这种物质可贮存在公猪的脂肪组织中，并可由包皮腺和唾液腺排出体外；公猪的颌下腺可合成一种具有麝香气味的物质，经由唾液排出体外，公猪释放出的这些特殊气味物质可以刺激母猪表现出强烈的发情行为。因此，公猪尿液或包皮分泌物可用于母猪试情，人工合成的公猪外激素类似物被用于进行母猪催情、试情、增加产仔数。此外，公猪外激素对初情期的影响非常明显。将成年公猪放入青年母猪群，5～7d后青年母猪即出现发情高峰，与未接触公猪的青年母猪相比，初情期提早30～40d。

技 能 训 练

技能训练　生殖激素作用实验

【训练目标】通过实验及操作，了解PMSG、HCG对卵巢机能的生理作用和对卵子发育的影响。

【训练材料】

1. 动物　选择健康的成年未孕母兔。

2. 药品　PMSG、HCG、0.9%NaCl、75%酒精、碘酒等。

3. 器械　注射器（20mL、10mL、1mL），大解剖盘、解剖刀、镊子等。

【方法步骤】

1. 第1次注射　分别用PMSG 60IU、120IU、360IU给3只母兔皮下注射，每天1次，连续注射2d。

2. 第2次注射　第1次注射后3d再第2次注射HCG 100IU。

3. 剖检　第2次注射后24h或36h剖检母兔，检查卵巢变化情况。

自 我 测 试

简答题

1. 什么是生殖激素？根据来源和功能的不同可将生殖激素分为哪些种类？

2. 生殖激素的作用特点有哪些？

3. 催产素分泌和释放部位是什么？生理作用有哪些？在生产中可应用于哪些方面？

4. 雄激素、雌激素、孕激素的来源、化学特性和生理功能如何？生产上如何应用？

5. 什么是外激素？其生理功能是什么？

模块三

动物繁殖技术

【基本知识】

1. 动物发情排卵的规律及卵泡的结构与发育。
2. 各种家畜的发情鉴定方法。
3. 动物的采精知识及精子的结构和发育。
4. 精液品质的检查方法，精液的稀释、保存与运输。
5. 动物的输精知识。
6. 动物的妊娠鉴定知识及接产、助产知识。
7. 动物的繁殖力及相关指标的计算知识、动物的繁殖障碍知识。
8. 家禽的人工授精知识。

【基本技能】

1. 猪的发情鉴定（外部观察法）。
2. 牛的发情鉴定（直肠把握子宫颈法）。
3. 猪的徒手采精法。
4. 假阴道的安装与调试。
5. 精子活力、精子密度、精子畸形率的检查方法。
6. 动物的输精技术。
7. 动物的妊娠鉴定技术及接产、助产技术。

项目一

发情鉴定技术

【项目任务】

1. 了解与发情排卵有关的概念。
2. 掌握母畜的发情排卵的规律。
3. 掌握发情鉴定的方法及各家畜发情鉴定的要求。

任务1 发情排卵与卵子

【任务目标】

知识目标

1. 掌握与动物发情排卵有关的概念。
2. 掌握猪、牛、羊、马、犬、猫的性成熟和体成熟时间，发情周期及发情持续期等规律。
3. 了解生殖激素对发情与排卵的调节规律。
4. 熟悉卵子的结构与卵泡的分类，了解各级卵泡发育规律。

技能目标

能判断常见动物的适配年龄。

【相关知识】

一、发情

(一) 发情的概念

发情是指母畜发育到一定阶段时所发生的周期性的性活动现象。母畜达到性成熟后，在发情季节内每隔一定时间，卵巢内就有成熟的卵子排出，随着卵子的逐渐成熟与排出，母畜在生理状态、行为和生殖器官等方面都有很大的变化，并表现出一定征状，即发情表现。完整的发情通常有以下三个方面的变化：

1. 母畜精神兴奋 鸣叫不安、食欲下降、泌乳量下降、频频作排尿状、尾根举起或摇动。

2. 有求偶表现 各种母畜在发情高潮到来时，都有强烈的交配欲望，主动接近公畜，静立接受交配，后腿撑开、举尾，或嗅闻公畜等。不同畜种或不同品种的行为表现略有不同，如我国地方母猪在发情高潮到来时，常常跳越猪栏，寻找公猪，而引进品种的表现则没地方品种明显。

3. 生殖系统发生一系列的变化 卵巢上有卵泡发育并成熟排卵；外阴部、阴蒂和阴道上皮充血；来自子宫颈和尿生殖前庭分泌的黏液增多，流至阴门外；子宫颈松弛等。

（二）动物性机能的发育

动物性机能的发育是一个由发生、发展直至衰退停止的过程。在家畜中，不同畜种，同种家畜的不同品种、个体，甚至不同的地域、季节，其性机能的发育均有差异。

1. 初情期 初情期是指母畜第 1 次发情和排卵的时间，也是指繁殖能力开始的时期。一般初情期时母畜的体重为成年母畜体重的 30%～40%。由于生殖器官尚未发育成熟，故发情的表现往往不很明显，规律性也不强。各种动物的初情期与其寿命有关，寿命长的动物，初情期往往较晚；寿命短的动物，初情期往往较早。此外，初情期的早晚与动物的繁殖力有关，初情期早的动物，繁殖力较高；初情期晚的动物，繁殖力较低，终身繁殖的后代数也较少。一般情况下，同种动物中小型母畜比大型母畜的初情期要早；饲养在南方的比饲养在北方的要早；饲养管理得当的比饲养管理一般的要早。

2. 性成熟期 性成熟期是指家畜的生殖器官已基本发育成熟，开始产生成熟的生殖细胞，具备了繁殖后代能力的时期。性成熟期时家畜体重占成年家畜体重的 50%～60%。这一时期，母畜发情如果进行配种，有可能使母畜妊娠，但一般都会出现产仔数少、仔畜品质较差等情况，甚至对母畜今后的种用性能也造成影响。因此，一般当母畜处于性成熟阶段时，不宜进行配种。公畜在性成熟阶段时，精液品质也较差，如在此期进行配种，也会影响母畜的受精及胎儿的质量，同时会影响公畜的使用年限。

3. 体成熟 体成熟又名初配年龄或适配年龄。此时家畜的生殖器官已发育成熟，能产生正常的生殖细胞，具备了正常的繁殖功能的时期。这一时期，家畜体重占成年家畜体重的 70%左右。家畜生长发育到这一时期后，公畜可产生正常的精子，母畜发情可以进行正常配种。种畜场应适当推迟配种年龄，商品场可适当提前。

4. 种用年限 是指动物繁殖机能明显下降，不能继续留作种用的年龄。在生产中，当家畜的生产力下降明显、无经济效益时即进行淘汰。种畜的繁殖年限受饲养管理与利用方法影响较大，饲养管理较好，利用方法得当，种畜繁殖年限可延长，反之，其繁殖年限则会缩短。见表 3-1-1。

表 3-1-1 各种动物初情期、性成熟、适配年龄和繁殖年限

动物种类	初情期	性成熟	体成熟	利用年限
黄牛	8～12 月龄	8～14 月龄	1.5～2 岁	15～22 岁
奶牛	6～12 月龄	12～14 月龄	15～18 月龄	13～15 岁
水牛	10～15 月龄	15～20 月龄	2.5～3 岁	15～22 岁
猪	3～6 月龄	5～8 月龄	8～12 月龄	10～15 岁

（续）

动物种类	初情期	性成熟	体成熟	利用年限
绵羊	4～8 月龄	6～10 月龄	1～1.5 岁	8～10 岁
山羊	4～8 月龄	6～10 月龄	1～1.5 岁	11～13 岁
马	12 月龄	12～18 月龄	2.5～3 岁	20～25 岁
驴	8～12 月龄	12～15 月龄	2.5～3 岁	20～25 岁
兔	3～4 月龄	3～5 月龄	7～8 月龄	2～3 岁
犬	5～7 月龄	7～8 月龄	9～10 月龄	5～8 岁
猫	5～7 月龄	7～8 月龄	9～10 月龄	5～8 岁

（三）发情周期及发情持续期

1. 发情周期　从广义上讲，发情周期是指母畜的发情呈周期性的活动规律。从狭义上讲，是指母畜从上一次发情开始（或结束）到下一次发情开始（或结束）所间隔的时间，即一个发情周期。

在动物发情周期中，根据机体所发生的一系列生理变化，可分为几个阶段，一般多采用四期分法和二期分法来划分发情周期阶段。四期分法是根据动物的性欲表现及生殖器官变化，人为将发情周期分为发情前期、发情期、发情后期和间情期四个阶段；二期分法是以卵巢上组织学变化以及有无卵泡发育和黄体存在为依据，将发情周期分为卵泡期和黄体期。

（1）四期分法。

①发情前期。这是卵泡发育的准备时期。此期的特征是：上一个发情周期所形成的黄体进一步退化萎缩，卵巢上开始有新的卵泡生长发育；雌激素也开始分泌，使整个生殖道血液供应量开始增加，引起毛细血管扩张伸展，渗透性逐渐增强，阴道和阴门黏膜有轻度充血、肿胀；子宫颈略为松弛，子宫腺体略有生长，腺体分泌活动逐渐增加，分泌少量稀薄黏液，阴道黏膜上皮细胞增生。此期母畜的外阴部变化及行为表现不明显，无性欲。

②发情期。又称发情盛期。是雌性动物表现明显发情征状的时期。此期特征是：精神兴奋、食欲下降，愿意接近雄性动物；卵巢上的卵泡迅速发育，体积增大，雌激素分泌增多，逐渐达到最高水平，孕激素降到最低水平；雌激素强烈刺激生殖道，使阴道及阴门黏膜充血肿胀明显，子宫黏膜显著增生，子宫颈充血，子宫颈口开张，子宫肌层蠕动加强，腺体分泌增多，有大量透明稀薄的黏液排出。多数动物在发情期的末期排卵，此期雌性动物有强烈的交配欲。

③发情后期。又称恢复期。是发情征状逐渐消失的时期。此期特征是：动物由性冲动逐渐转为安静状态，卵泡破裂排卵后雌激素分泌显著减少，卵巢上红体、黄体开始形成并分泌孕酮作用于生殖道，使充血肿胀逐渐消退，子宫肌层蠕动逐渐减弱，腺体活动减少，黏液量少而稠，子宫颈管逐渐封闭，子宫内膜逐渐增厚，阴道黏膜增生的上皮细胞脱落。

④间情期。又称休情期，是发情后期结束到下一次发情期开始的阶段，也是黄体活动的时期。此期特征是：雌性动物性欲已完全停止，精神状态恢复正常。间情期的前期，黄体继续发育增大，分泌大量孕酮作用于子宫，使子宫黏膜增厚，子宫腺体发育增生，大而弯曲，分支多，分泌作用增强；如果卵子受精，这一阶段将延续下去，动物不再发情。这时周期黄

体变为妊娠黄体，维持整个妊娠期（马属动物除外）。如未孕则进入间情期后期，增厚的子宫内膜回缩，腺体缩小，腺体分泌活动停止，周期黄体也开始退化萎缩，卵巢中又有新的卵泡开始发育，随即进入到下一个发情周期的发情前期。

（2）二期分法。

①卵泡期。是指从黄体萎缩退化，卵巢上卵泡开始发育直到排卵为止。卵泡期大致相当于发情前期和发情期两个阶段。

②黄体期。是指从卵泡破裂排卵后形成黄体，直到黄体萎缩退化为止。黄体期相当于发情后期和间情期两个阶段。

2. 发情持续期 发情持续期是指雌性动物从发情开始到发情结束所持续的时间。即为集中表现发情征状的阶段，相当于发情周期中的发情期。在此期由于脑垂体分泌的促卵泡素与促黄体素的作用，卵巢中的卵泡逐渐发育成熟至破裂排卵，分泌雌激素，使母畜表现出各种发情征状。生殖道组织增生、充血、肿胀，子宫颈口开张并有黏液流出，母畜有明显的精神状态变化和强烈的交配欲。各种动物的发情周期及发情持续期（表3-1-2）。

由于季节、饲养管理状况、年龄及个体条件的不同，雌性动物的发情持续期的长短也有所差异。

表 3-1-2　各种动物的发情周期和发情持续期

动物种类	发情周期	发情持续期	动物种类	发情周期	发情持续期
黄牛	21（18~24）d	1~1.5d	山羊	20（18~22）d	1~2d
水牛	21（16~25）d	1~2d	猪	21（18~23）d	2~3d
奶牛	21（18~24）d	1~1.5d	家兔	10~15d	10~15h
马	21（18~25）d	4~8d	犬	半年左右	6~13d
驴	21（18~28）d	4~7d	猫	半年左右	5~10d
绵羊	17（14~20）d	1~1.5d			

（四）发情季节

季节变化是影响雌性动物生殖活动的重要环境因素，季节变化的各种信息通过神经系统发生作用，把信息转化而来的神经冲动，传递到下丘脑，从而引起下丘脑、垂体、性腺轴的调节。有些动物如马、绵羊、犬及一些野生动物，一年中只在一定时期才表现出发情，这一时期称为发情季节。动物的发情可分为季节性发情和非季节性（全年）发情两种类型。

1. 季节性发情 是指雌性动物在特定季节才会表现发情，在其他季节中，处于相对静止状态，无发情表现。季节性发情又分为季节性多次发情和季节性单次发情。

（1）季节性多次发情。季节性多次发情是指在发情季节有多个发情周期。如马、驴、绵羊等在春季或秋季发情时，如果没有配种或配种后未受胎，可出现多次发情。马属于长日照发情动物，发情季节多为3—7月，而在短日照的秋、冬季节卵巢处于静止状态，不表现发情。绵羊则属于短日照发情动物，发情季节为9—11月。

（2）季节性单次发情。即动物在一个发情季节只发情一次，如犬、猫、骆驼、水貂。多数野生动物、毛皮动物的发情季节为春、秋两季，但在每个发情季节内只有一个发情周期。毛皮动物的发情季节多在早春，应抓住时机进行配种。

2. 非季节性发情 又称全年性发情。是指雌性动物在一年四季都可以出现发情并可配种，牛、猪等属此类型。但在高纬度和高寒地区，环境条件对家畜全年多次发情有一定影响，如在我国东北，牛的发情在5—8月较为集中，其他季节则较少。

动物的发情周期之所以有季节性，是长期自然选择的结果。家畜在未驯化前，处于原始的自然条件下，只有在全年中气候条件比较良好的季节产仔，才能保证其所产幼仔存活。例如，马的发情季节为春季，妊娠期为11个月，则分娩季节在春季；绵羊的发情季节是秋季，妊娠期平均为5个月，则分娩季节也为春季。

动物的发情季节并不是不变的，随着驯化程度的加深，饲养管理的改善以及环境条件的影响，其季节性的限制也会变得不大明显，甚至可以变成没有季节性。反之，那些没有发情季节性，全年多次发情的动物如牛、猪等，如果饲养管理条件长期粗放，则发情周期也有比较集中在某一季节的趋势。例如，我国北方牧区的黄牛，仅在夏、秋（5—8月）发情，而奶牛由于饲养条件及环境条件好，往往全年都可发情。

（五）产后发情

产后发情是指母畜分娩后的第1次发情。各种动物产后发情的时间不同，在良好的饲养管理和适宜的气候条件下，产后出现第1次发情时间就相对早一些，反之就会推迟。

1. 母牛 奶牛一般可在产后25～30d发情，多数表现为安静发情。耕牛有时产后发情较晚，往往经数月以上，主要是饲养管理不善或使役过度引起的。母牛产后发情时由于子宫尚未复原，个别牛的恶露还未排净，此时即使发情表现明显也不能配种。为保证奶牛具有标准的泌乳期，在产后35～50d发情配种较适宜。

2. 母羊 母羊大多在产后2～3个月发情，不哺乳的绵羊可在产后20d左右发情。

3. 母猪 母猪一般在分娩后3～6d发情，但不排卵。一般在仔猪断乳后一周之内出现第1次正常发情。如因仔猪死亡致使母猪提前结束哺乳期，则可在断乳后数天发情。哺乳期也有发情出现，但为数甚少。因此，仔猪实行早期断乳可提高猪年产仔窝数。

4. 母马 母马往往在产驹后6～12d发情，一般发情表现不太明显，甚至无发情表现，但是母马产后第1次发情时有卵泡发育，并可排卵，因此可以配种，俗称"配血驹"。

5. 母兔 母兔在产后1～2d就发情，卵巢上有卵泡发育成熟并排卵。如及时配种，能正常受胎。

6. 犬、猫 犬和猫一般在产后半年左右发情。

（六）异常发情

生产实践中，经常出现一些与正常发情规律不相符的情况，这种情况称为异常发情。异常发情多见于初情期后、性成熟前，性机能尚未发育完全的一段时间内。性成熟以后，如果饲养管理不当或环境条件发生异常等，也会导致异常发情的出现。常见的异常发情主要有以下一些类型。

1. 安静发情 又称隐性发情、暗发情，是指雌性动物发情时缺乏外部征状，但卵巢上有卵泡发育、成熟并排卵。常见于产后带仔母牛或母马的产后第1次发情，每天挤乳次数过多或体质衰弱的母牛以及青年动物或营养不良的动物也容易发生安静发情。引起安静发情的原因主要是由于体内有关激素内分泌失调所致，例如雌激素分泌不足，发情外表征状就不明显；促乳素分泌不足或缺乏，促使黄体早期萎缩退化，孕酮分泌不足，降低了下丘脑对雌激素的敏感性。安静发情的母畜如能及时配种也可以受胎。

2. 短促发情　指动物发情持续时间短，如不注意观察，往往错过配种时机。短促发情多发生于青年动物，家畜中奶牛发生率较高。造成短促发情可能的原因：①神经内分泌系统的功能失调，发育的卵泡很快成熟破裂排卵，缩短了发情期；②由于卵泡突然停止发育或发育受阻。

3. 长促发情　是指母畜发情持续期长于正常的时间。可能是由于促黄体素（LH）分泌不足，卵泡膜破裂过晚所致。

4. 断续发情　是指母畜发情表现为时断时续的现象。多见于早春时期的母马或营养不良的母马，其原因是卵泡交替发育，先发育的卵泡中途发生退化，新的卵泡又开始发育，因此产生断续发情的现象。当其转入正常发情时，就能发生排卵，配种也能正常受胎。

5. 持续发情　也称"慕雄狂"，常见于牛和马。母牛发情行为表现为持续而强烈，发情周期不正常，发情期长短不一，经常从阴户流出透明黏液，阴户浮肿，荐坐韧带松弛，同时尾根举起，配种不受胎。

"慕雄狂"发生的原因与卵泡囊肿有关，但并不是所有的卵泡囊肿都具有"慕雄狂"的症状，也不是只有卵泡囊肿才引起"慕雄狂"表现，如卵巢炎、卵巢肿瘤以及下丘脑、垂体、肾上腺等内分泌器官机能失调，均可发生"慕雄狂"。奶牛的"慕雄狂"如为卵泡囊肿所引起，注射合成的促性腺激素释放激素效果较好。

6. 孕后发情　又称妊娠发情或假发情，是指动物在妊娠期仍有发情表现。母牛在妊娠最初的 3 个月内，常有 3%～5% 的母牛发情，绵羊在妊娠后发情数可达 30%，妊娠后发情的主要原因是由于激素分泌失调，即妊娠黄体分泌孕酮不足，而胎盘分泌雌激素过多所致。母牛有时也因在妊娠初期，卵巢上仍有卵泡发育，致使雌激素分泌量过高而引起发情，并常造成妊娠早期流产。

二、排卵

（一）排卵的概念

排卵是指卵巢上发育成熟的卵泡破裂，将其中的卵母细胞随卵泡液排出的过程。

（二）动物排卵的类型

根据动物排卵的特点和黄体的功能，可将其分为自发性排卵和诱发性排卵两种类型。

1. 自发性排卵　是指卵巢上的卵泡发育成熟后，正常情况下不需要任何刺激自行破裂排卵，并自动形成黄体。牛、马、驴、羊、猪、犬等属于这种类型。

2. 诱发性排卵　又称刺激性排卵。卵巢上的卵泡成熟后，必须通过交配或其他途径（如输精等）使子宫颈受到某些刺激才能排卵，并形成功能性黄体。这类动物如发情后没有经过爬跨等刺激，便只发情而不排卵，但不属于假发情。兔、猫、骆驼、貂等属于诱发性排卵动物，它们在发情季节中，卵泡有规律的陆续成熟和退化，如果交配（刺激），随时都有成熟的卵泡排卵。

(三) 排卵过程及机制

1. 排卵过程　当卵泡发育成熟时，卵泡的一部分突出于卵巢表面，表露部分的卵泡膜变薄，形成一个突出状的排卵点与卵泡缝隙。同时，卵泡中的卵丘与卵丘系膜分离，薄而膨胀的排卵点发生破裂，卵泡液先渗出一部分，然后破口扩大，大量卵泡液迅速排出，并将与卵丘系膜分离的卵母细胞及其周围的放射冠细胞一起排出，被输卵管伞部接纳。马属动物有专门的排卵窝，卵泡成熟后，在此处排卵。

2. 排卵机制　卵泡发育成熟时能够发生破裂排卵，其原因主要有两个方面。

(1) 物理作用。卵泡发育成熟后，卵泡液增多，卵泡内压增大，使卵泡膜变薄，到一定程度时，卵泡膜会被"胀破"而引起排卵。

(2) 化学作用。母畜垂体前叶分泌的促黄体素（LH）能促进溶蛋白酶的分泌，而卵泡膜为蛋白膜的结构，溶蛋白酶能将其不断溶解，使卵泡膜逐渐变薄，并在卵泡膜最高处形成排卵点和一条排卵缝隙（最薄部位），卵泡发育到一定程度时，最先从排卵点和排卵缝隙破裂而导致排卵。

此外，卵泡外膜的平滑肌细胞受到某些激素作用和神经因素的刺激，也是引起排卵的因素。

(四) 排卵时间及排卵数

各种动物的排卵时间及排卵数，因动物种类、品种、个体、年龄、营养状况及环境条件等的不同而异（表 3-1-3）。

表 3-1-3　常见动物的排卵时间及排卵数

动物种类	排卵时间	排卵数	动物种类	排卵时间	排卵数
黄牛	发情终止后 10~18h	1 个	山羊	发情期末	1~5 个
水牛	发情终止后 10~18h	1 个	猪	发情开始后 24~36h	10~25 个
奶牛	发情后 21 (18~24) h	1 个	家兔	交配后 6~12h	10~20 个
马	发情终止前 1~2h	1 个	犬	发情后 1~3d 开始	5~10 个
驴	发情终止前 1~2h	1 个	猫	交配后 24h 开始	3~7 个
绵羊	发情期末	1~3 个			

(五) 黄体的形成与退化

卵巢上的卵泡成熟排卵后，卵泡膜的血管破裂，血液流入空的卵泡腔内形成凝血块，称为红体，然后，颗粒细胞增生变大并将红体包裹，形成黄体。黄体在排卵后 7~10d（牛、羊、猪）或 14d（马）发育至最大体积。黄体退化时被结缔组织代替，形成白体。

黄体的形成
与退化

黄体可分为周期黄体与妊娠黄体。如母畜发情后没有配种或没有配上，卵巢上的黄体存在时间相对较短，这种黄体称为周期黄体。雌性动物妊娠后，卵巢上的黄体称妊娠黄体，妊娠黄体比周期黄体略大，存在时间也长，如牛、羊、猪等的妊娠黄体一直维持到妊娠结束才退化为白体，而马、驴的妊娠黄体在妊娠 180d 左右时退化为白体，之后由胎盘分泌孕酮维持妊娠。

生殖激素对发
情周期的调节

三、发情排卵的激素调节

（一）母畜性活动的激素调节

母畜的性活动包括发情、排卵、黄体形成、妊娠、分娩、乏情等。这些性活动都具有较规律的周期性，每一个过程几乎都受生殖激素的控制与调节，以下丘脑—垂体—性腺轴为核心，通过激素的调节与反馈来控制和调节整个生殖过程。

（二）生殖激素对家畜性活动的调节关系

与家畜生殖活动关系密切的生殖激素及次发性生殖激素多达 10 多种，它们有的相互拮抗，有的相互协同，关系十分复杂。生殖激素对母畜性活动的调节规律见图 3-1-1。

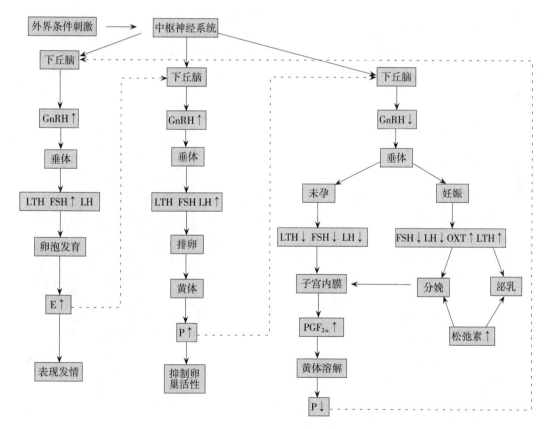

GnRH：促性腺激素释放激素   FSH：促卵泡素   LH：促黄体素   LTH：促乳素

E：雌激素   P：孕激素   OXY：催产素   PGF$_{2\alpha}$：前列腺素

图 3-1-1   生殖激素对母畜性活动的调节规律

注：图中实箭头表示正向调节，虚线表示反馈调节；激素右边向上箭头表示该激素在体内分泌较多或存在水平较高，激素右边向下箭头表示该激素在下降或存在水平较低。激素旁边无箭头表示该激素在体内处于一般水平

正常情况下，母畜的性活动规律如下：当母畜生长发育到一定的年龄、体重时，在饲养管理、外激素等外界条件的综合刺激下，下丘脑分泌 GnRH 逐渐增多，从而刺激垂体分泌 FSH 增多，在 LH、LTH 的协同作用下，促进卵巢上的卵泡发育，当卵泡发育到成熟卵泡阶段时，卵泡膜分泌雌激素增多，从而刺激母畜表现发情。同时，雌激素分泌增多的信息反馈回下丘脑，下丘脑则继续维持分泌 GnRH 的水平，这样的信息传送到垂体后，垂体分泌 LH、LTH 增多，并在 FSH 的协同作用下，导致卵泡膜破裂而排卵，在 LTH 与 LH 的协同作用下，促使卵巢形成黄体，黄体分泌孕激素，使孕激素水平逐渐上升，从而抑制卵巢的活性和卵泡的发育。如果母畜配种并妊娠，孕激素则起着维持母畜正常妊娠的作用。孕激素水平上升的信息反馈回下丘脑，下丘脑分泌的 GnRH 则逐渐下降，继而调节垂体分泌 FSH、LH 减少，如果母畜未妊娠，LTH 的分泌量也一起下降，直到下一次发情期到来前，子宫内膜分泌前列腺素（$PGF_{2\alpha}$）增加，将卵巢上的黄体溶解，使孕激素的分泌下降，解除对卵巢的抑制，当孕激素下降的信息反馈回下丘脑后，下丘脑分泌 GnRH 又开始上升，从而使母畜的性活动进入下一个发情周期；如果母畜配种并妊娠，黄体则较长时间存在于卵巢，LTH 的分泌量则会随着妊娠期的延长而逐渐增加，从而刺激母畜乳腺逐渐发育、膨胀，到妊娠后期尤其临产前，OXT 及松弛素的分泌量快速增加，从而促使母畜正常分娩和排乳。其中，LTH 在整个泌乳期都保持较高的水平。母畜产后一段时间，子宫内膜分泌 $PGF_{2\alpha}$ 增加，将妊娠黄体溶解，孕激素水平下降，这一信息反馈回下丘脑后，下丘脑分泌 GnRH 上升，使母畜的性活动进入下一个发情周期。母畜的性活动就是如此在生殖激素的调节下呈周期性的活动。

四、卵泡的结构与发育

（一）卵子的结构

哺乳动物的正常卵子多为圆形，直径多为 $70\sim140\mu m$。从外到内由放射冠、透明带、卵黄膜及卵黄等组成（图 3-1-2）。

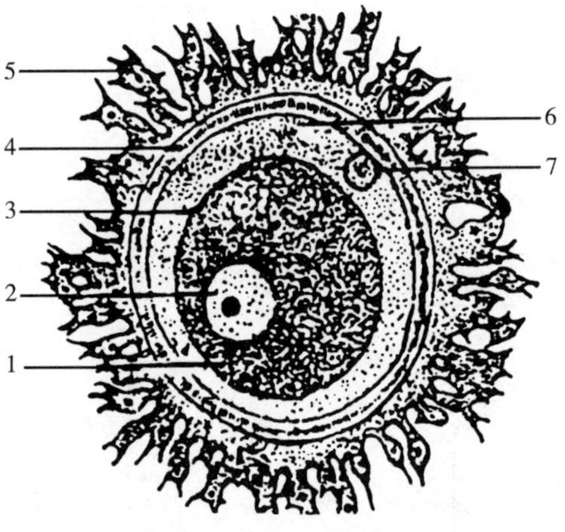

1. 放射冠 卵子外围颗粒状细胞呈放射状排列，所以称为放射冠。放射冠细胞的原生质伸出部分穿入透明带，与存在于卵母细胞本身的微细突起相交织。放射冠细胞在卵子发生过程中起营养供给作用，在排卵后与输卵管伞协同作用，有助于卵子在输卵管伞中运行。

2. 透明带 即位于放射冠和卵黄膜之间的一层均质半透明膜，主要由糖蛋白质组成。透明带的作用是保护卵子，以及在受精过程中发生透

1. 颗粒细胞 2. 细胞核 3. 卵黄膜 4. 透明带
5. 放射冠细胞 6. 卵黄周隙 7. 极体
图 3-1-2 卵细胞构造
（耿明杰，2001. 畜禽繁殖与改良）

明带反应，对精子有选择作用，可以阻止过多精子进入卵黄周隙，同时还具有无机离子的交换和代谢作用。

3. 卵黄膜 即透明带内包被卵黄的一层薄膜，由两层磷脂质分子组成。卵黄膜的作用也是保护卵子，在受精过程中发生卵黄闭锁反应，防止多精子受精，且使卵子有选择性地吸

收无机离子和代谢物。

4. 卵黄　外被卵黄膜，内含线粒体、高尔基体、核蛋白体，多核糖体、脂肪滴、糖原等，主要为卵子的发育和胚胎早期发育提供营养物质。卵子如未受精，则卵黄断裂为大小不等的碎块，每一块含有一个或数个发育中的核。

卵子结构

5. 卵核　位于卵黄内，由核膜与核糖核酸等组成。排卵后的卵核处于第二次成熟分裂的中期，呈分散的染色质状态。受精前，卵核呈浓缩的染色体状态，雌性动物的主要遗传物质就分布在卵核内。

（二）卵泡的分类

根据卵泡腔的有无可以把卵泡分为无腔卵泡和有腔卵泡。无腔卵泡包括原始卵泡、初级卵泡和次级卵泡；有腔卵泡包括三级卵泡和成熟卵泡。初级卵泡、次级卵泡和三级卵泡的共同特点是生长发育很快，表现为细胞分裂迅速，体积增大明细，所以也把这三种卵泡称为生长卵泡。哺乳动物卵泡生长各阶段的关系见图 3-1-3。

卵泡生长
发育

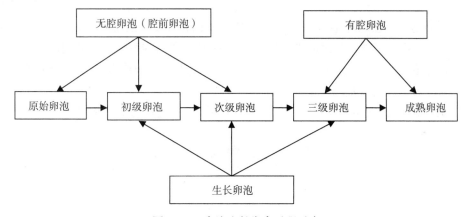

图 3-1-3　卵泡生长发育过程示意

（三）各级卵泡发育规律

母畜在发情周期中，卵巢经历着卵泡的生长发育、成熟、破裂排卵、黄体的形成和退化等一系列变化过程。

卵泡发育是指卵泡由原始卵泡发育成初级卵泡、次级卵泡、三级卵泡和成熟卵泡的生理过程（图 3-1-4）。

1. 原始卵泡　位于卵巢皮质部，是体积最小的卵泡。在胎儿期间已有大量原始卵泡作为储备，除极少数发育成熟外，其他均在发育过程中闭锁、退化而死亡。

2. 初级卵泡　由原始卵泡发育而成。其特点是卵母细胞的周围被一层卵泡细胞包裹，卵泡膜尚未形成，无卵泡腔。

3. 次级卵泡　初级卵泡进一步发育，成为次级卵泡。此期卵泡位于卵巢皮质较深层。

上述 3 种卵泡都没有卵泡腔称为无腔卵泡或腔前卵泡。

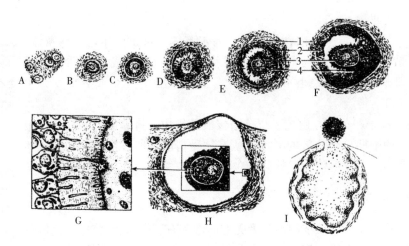

A. 原始卵泡　B. 初级卵泡　C. 次级卵泡　D. 三级卵泡　E. 出现新月形腔隙的三级卵泡
F. 出现卵丘的三级卵泡　G. 卵黄膜的微绒毛部分伸向透明带　H. 成熟卵泡　I. 排卵卵泡
1. 卵泡外膜　2. 颗粒层　3. 透明带　4. 卵丘
图 3-1-4　哺乳动物的卵泡发育过程

4. 三级卵泡　由次级卵泡进一步发育而成。此时期，卵泡细胞分泌的液体使卵泡细胞之间彼此分离，且与卵母细胞之间的间隙增大，形成不规则的腔隙，即卵泡腔。

5. 成熟卵泡　实际为三级卵泡进一步发育至最大体积，卵泡壁变薄，卵泡腔内充满液体，这时的卵泡称为成熟卵泡或排卵卵泡。

三级卵泡和成熟卵泡的共同特点是都具有卵泡腔，因此被称为有腔卵泡。

任务 2　发情鉴定技术

【任务目标】

知识目标

1. 掌握母畜的发情鉴定的方法。

2. 掌握各种母畜发情表现的区别。

技能目标

1. 能正确判断猪、牛、羊是否发情及适宜的配种时间。

2. 通过直肠检查能触摸牛卵巢上的卵泡。

【相关知识】

一、发情鉴定的意义

发情鉴定是根据母畜发情的表现对排卵时间做出判断，从而确定最佳配种时机的技术。准确的发情鉴定可以防止漏配，减少母畜的空怀率，从而提高繁殖率。节约饲养成本，增加经济效益。

检测指标分为外源和内源两类：外源指标主要是能够看到的外生殖器的变化、行为；内源指标主要是激素的变化、卵巢的变化。

内源指标准确，但不易检测，外源指标容易检测，但准确性较差。生产中发情鉴定的方法主要是外源指标。

二、发情鉴定的原则

母畜发情时，外生殖器、精神状态等都会出现一些不同的变化，同时，母畜生殖道、卵巢也会产生相应的变化，卵泡会发育为成熟卵泡。但不同畜种及同品种的不同个体在发情时，有一些共同的发情征状，也有一些不同的征状。因此，在进行母畜发情鉴定时，既要观察外部表现，又要检查生殖道及卵泡的发育变化，同时还要根据不同个体的情况进行综合判断，才能获得正确的结果。

三、发情鉴定的常用方法

1. 外部观察法　根据母畜的外生殖器变化、精神状态、食欲和行为变化进行综合鉴定的方法。此法可应用于所有家畜。

（1）外阴部变化。母畜发情时，其阴户逐渐肿胀而显得饱满，阴唇黏膜充血、潮红而有光泽，阴门有黏液流出，其黏液从少变多，从稀变稠，由透明变成混浊，最后成乳白色样。

（2）精神状态变化。发情母畜对公畜较敏感，躁动不安，食欲下降，不断鸣叫。

（3）性欲表现。发情母畜在适宜配种时，会接受他畜爬跨；发情前期会爬跨他畜。

发情鉴定时，除根据以上一些共同特征进行判断外，还要根据以下情况进行综合分析。

牛：部分牛在发情时，黏液内有少量鲜红的血液，属于正常表现。水牛的外部征状没有黄牛明显。

猪：有静立反应，即遇公猪时或按其背部、拍其屁股时，母猪会站立不动，尾上翘，后肢张开，呈现接受爬跨的姿势。引进猪种及引进猪种的杂交猪后代的外部征状没有本地猪种明显。

马、驴：精神变化明显，有"伸头背耳叭嗒嘴，撇腿抬尾流涎水"的特征。

兔：发情时在笼内窜动不安，后肢不断叩击兔笼，接近公兔时呈接受交配的姿势。

母猪发情
鉴定

犬：生殖道充血肿胀明显，精神状态和行为表现变化明显。雌犬表现较强的交配欲望，异常兴奋，敏感性增强，易激动，轻按或轻拍尾根部，尾巴偏向一侧，喜欢挑逗雄犬，雄犬接近时表现为站立不动，愿意接受雄犬的交配，或其他犬的爬跨。

猫：叫声不断，性格变得温顺，但精神亢奋，食欲下降。若以手轻压背部，有踏足举尾动作，愿意接受雄猫交配，会阴部前后移动；如果轻按骨盆区，表现更为明显，阴门红肿、湿润、流出黏液。

2. 试情法　将经过特殊处理的公畜放入畜群或接近母畜，观察母畜对公畜的反应，以判断母畜是否发情及发情程度。

用于接近母畜以判断母畜的发情情况的公畜称为试情公畜。试情公畜要求健康、性欲旺盛、无恶癖。

此法适用于所有的家畜，尤其绵羊应用较多。

试情时，将公羊（已结扎输精管或腹下带兜布的公羊）按一定比例（一般为1：40），每日1次或早晚2次定时放入母羊群中，母羊发情时可能寻找公羊或尾随公羊，但只有当母羊愿意站着并接受公羊的引逗及爬跨时，才是真正发情的表现。探明母羊可能已发情时，将其分离出来，结合外部观察进行判断即可配种。试情公羊的腹部也可以采用标记装备（或称发情鉴定器），或在胸部涂上颜料，如母羊发情时，公羊爬跨，便将颜料涂在母羊臀部，以便识别。发情母羊的行动表现不太明显，主要表现为喜欢接近公羊，并强烈摆动尾部，被公羊爬跨时不动。

3. 阴道检查法　用开膣器或阴道扩张筒把阴道打开后，借助光源找到子宫颈口，观察子宫颈口的开张情况、子宫颈周围黏膜的颜色及黏液分泌情况。

发情母畜的阴道黏膜充血，分泌量增多，子宫颈口周围充血，子宫颈口开张，并有黏液流出。

此法适用于牛、马等大家畜及羊等易于保定的家畜。

4. 直肠检查法　指将手插入直肠，隔着直肠壁触摸卵巢和卵泡的变化，以判断卵泡的发育情况，从而确定配种时间。

此法适用于牛、马等大家畜，是大家畜发情鉴定较可靠的方法。

直肠检查法

5. 其他方法　如仿生法、激素法。

（1）仿生法。人为营造公畜接近的一些条件（如公畜的叫声、气味等），观察母畜的精神变化与性欲变化。

（2）激素法。通过检测母畜体内生殖激素的水平以判断母畜的发情状况。

（3）实验室法。通过刮取母畜阴道上皮进行显微镜观察，根据其形状进行发情鉴定的方法。

四、牛与马属动物的卵泡发育

对牛及马属动物进行直肠检查，能准确判断其卵泡发育状况，并根据卵泡发育情况确定配种时间，这一方法可大大提高受胎率。但需进行较多的实践、总结才能掌握这一方法，同时需掌握其卵泡的发育规律才能进行准确的判断。

1. 牛的卵泡发育　牛的卵泡发育与黄体变化规律见图3-1-5。牛的卵泡虽小，但突出于卵巢表面，所以较容易触摸。根据母牛发情持续期短的特点，一般将卵泡的发育划为以下4期：

第1期：即卵泡出现期。此期卵巢稍增大，卵泡在卵巢表面突出不明显，触诊时只感觉有一软化点，其直径为0.5～0.75cm。一般母牛在此期即开始有发情表现，但不接受爬跨。本期维持6～12h。

第2期：即卵泡发育期。此期卵泡增大到1～1.5cm，多呈圆形，较明显突出于卵巢表面。触之紧张而有弹性，内有波动感。在此期母畜发情表现明显，接受爬跨。本期维持8～12h。

第3期：即卵泡成熟期。卵泡不再增大，泡液增多，泡壁变薄，紧张性增强，有一触即破感。此期母畜发情表现减弱，拒绝爬跨。本期维持6～12h。

第4期：即排卵期。卵泡破裂排出卵子，泡液流失，泡壁变为松软皮样，触之感觉有一小凹陷。排卵后6～8h，黄体即开始形成。刚开始形成的黄体直径为0.6～0.8cm，触之为软肉感。完全成熟的黄体直径为 2～2.5cm（妊娠黄体略大些），稍硬而有弹性，突出卵巢表面。

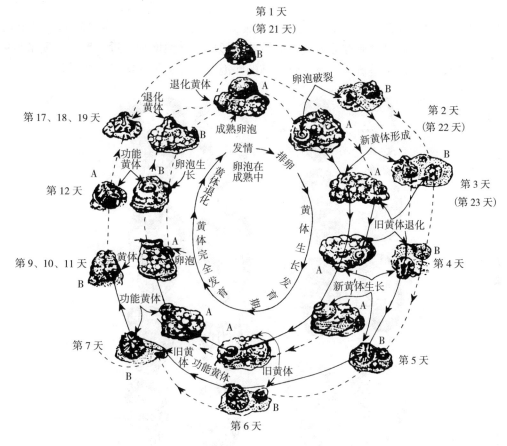

A. 卵巢的全貌 B. 卵巢的局部变化

图 3-1-5 牛发情周期中卵巢的卵泡与黄体变化模式

（朱士恩，2015. 家畜繁殖学）

2. 马、驴的卵泡发育 根据母马、驴卵泡的发育情况，人为地把其发育过程分为以下几个时期：

第 1 期：卵泡出现期。卵泡开始增长，卵巢的一端或某一部分稍有增大。触摸时，感觉卵巢表面有突出但不明显、光滑而硬的小泡，但无波动感。本期维持 1～3d。

第 2 期：卵泡发育期。卵泡进一步发育增大。触摸时感觉卵泡较明显地突出于卵巢表面，圆滑而有弹性，泡壁厚，波动感不明显，本期维持 1～3d。

第 3 期：卵泡接近成熟期。卵泡进一步增大，直径 3～5cm，呈半球形突出于卵巢表面，卵泡与卵巢实质界限明显。其体积约占卵巢体积的 3/5，典型者整个卵巢呈鸭梨形。触摸卵泡时，有波动感，并仍有弹性。本期维持 1～3d。

第 4 期：卵泡成熟期。卵泡发育达到成熟阶段，卵泡占整个卵巢体积的 2/3～3/4，泡壁薄，紧张，有较多波动，有触之即破感，排卵窝充满。本期维持 2d。本期是配种的适宜时期。

第 5 期：排卵期。泡壁开始破裂，泡液逐渐流失，弹力减弱，触之塌陷、松软，有流动感，泡液至排空需 1～3h，泡液也有突然流失而排空的。

　　第 6 期：空腔期。泡液流尽，泡腔凹陷，泡壁呈两层皮，并由薄变厚。本期维持 10h 左右。

　　第 7 期：黄体形成期。排空的卵泡由于血液流入，原卵泡着生处有复隆起，呈扁圆肉样，无波动和弹性，此时为血红体阶段。以后黄体形成，弹性增强，近圆形。此期常与第 3 期卵泡相混淆，主要区别是黄体无波动感。马的卵泡发育与黄体变化规律见图 3-1-6。

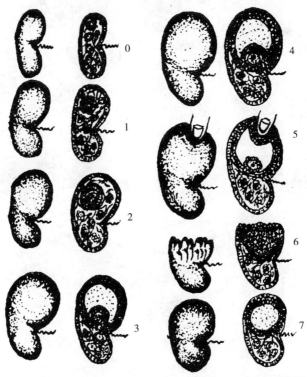

0. 卵巢静止期　1. 卵泡出现期　2. 卵泡发育期　3. 卵泡近成熟期
4. 卵泡成熟期　5. 排卵期　6. 空腔期　7. 黄体形成期

图 3-1-6　马卵泡发育过程

技能训练

技能训练一　母畜发情的外部观察与试情

【训练目的】 通过实训，掌握发情鉴定之外部观察法及试情法的鉴定内容与操作方法。

【训练材料】

（1）母畜（猪、牛、马、羊等）及相应的试情公畜，可选在相应的牧场进行。

（2）1‰～2‰来苏儿 3 000～5 000mL。

【方法步骤】

1. 外部观察

（1）观察发情母畜的外阴户。对发情母畜及未发情母畜分别进行观察，对比两者的不同之处。操作时，将母畜尾提起，观察外阴是否肿胀、发红，有无黏液流出，并观察黏液的分泌量、颜色、黏稠情况。

（2）用清洗消毒后的拇指与食指将母畜阴户分开，观察阴唇黏膜的变化。发情母畜的阴唇黏膜充血、潮红而有光泽，看不到毛细血管；而未发情的母畜的阴唇黏膜苍白，能清晰地看到毛细血管。

（3）用手压母畜（猪）背部或尻部，观察母畜是否有静立反应。

（4）观察其行为变化及食欲情况：发情母畜表现不安，不断鸣叫，食欲减退。

2. 试情　将公畜按试情要求处理后，让其接近母畜，观察母畜是否与公畜接近，是否接受公畜爬跨。

3. 判断　根据观察结果进行对比后，判断所观察母畜是否发情，可否配种。

【注意事项】

（1）鉴定之前要向畜主了解母畜的上次发情时间及配种情况。

（2）注意发情与假发情的区别。

技能训练二　牛、马、羊的阴道检查

【训练目的】通过技能训练，掌握牛、马、羊的阴道检查要点，能通过阴道检查判断母畜的发情情况。

【训练材料】

（1）牛、马用阴道开膣器或阴道扩张筒，羊用开膣器，手电筒，水盆，毛巾，保定架及保定绳，长柄镊子等。

（2）75%酒精棉球、1%～2%来苏儿、高锰酸钾溶液、液态石蜡、肥皂、脱脂棉等。

【方法步骤】

1. 阴道检查的准备

（1）母畜的保定。对牛、马进行检查时，应将其保定在保定架上，可用六柱栏保定架，也可用二柱栏保定架；对羊进行检查时，可用专用保定台进行保定，也可由助手坐在高凳子上，将母羊倒提，用双脚将羊的颈部夹住，双手各握一只后蹄，分开两后肢，暴露外生殖器。

（2）器械的准备。把清洗好的开膣器或阴道扩张筒用酒精进行单向涂抹消毒，待酒精挥发后，涂以少量液态石蜡进行润滑。

（3）检查人员的准备。用1%～2%来苏儿对手清洗消毒；穿好工作服。

（4）外生殖器的清洗与消毒。用抹布浸温水后对母畜外阴进行清洗，再用0.1%高锰酸钾溶液进行消毒处理，清洗消毒时，从阴户向四周进行。

2. 插入开膣器或扩张筒

（1）对牛、马进行检查时，用右手横握开膣器（关闭状态）或扩张筒，用左手拇指与食指分开阴唇，将开膣器或扩张筒稍向上倾缓慢插入阴道外口，插入5～10cm后平伸插入，当开膣器大部分插入时，再将开膣器手柄向下旋转90°，手柄朝向检查者，打开开膣器，借助光源，将前口调整至能看到子宫颈口。

（2）对羊进行检查时，用右手横握羊用开膣器（关闭状态），用左手拇指与食指分开阴唇，将开腔器缓慢插入阴道，当开腔器大部分插入时，再将开腔器手柄向下旋转 90°，打开开腔器，借助光源，将前口调整至能看到子宫颈口。

3. 阴道检查 打开阴道后，借助光源观察阴道黏膜是否充血、肿胀、子宫颈口开张大小、黏液流出情况。发情母畜一般阴道黏膜充血、潮红，子宫颈口开张、充血、肿胀、松弛，有拉丝的黏液从颈口或阴道内流出。不发情的母畜阴道黏膜苍白、干燥，子宫颈口紧闭。

【注意事项】

(1) 插入开腔器或阴道扩张筒时，如遇母畜努责，应停止插入，待努责停止后或用手压腰荐结合部让其松弛后，再继续插入，以防损伤阴道。

(2) 对牛、马进行检查时，检查者应以丁字步方式站在其后，防止被踢伤。

(3) 开腔器检查完后，可将开口减小一点后再缓慢抽出，切不可关闭后抽出，防止夹住阴道黏膜外拉而损伤阴道。

(4) 在低温季节，开腔器或扩张筒需加温至 35～40℃时，才能使用，否则对母畜刺激过大，不易插入。

技能训练三 牛、马的直肠检查

【训练目的】 通过技能训练，掌握牛、马的直肠检查要点，能通过直肠检查找到卵巢，了解卵巢的位置、形态及大小，并试了解卵巢上卵泡的发育状况。

【训练材料】

(1) 水盆、毛巾、保定架、保定绳、指甲剪等。

(2) 75%酒精棉球、1%～2%来苏儿、0.1%高锰酸钾溶液、液态石蜡、肥皂等。

【方法与步骤】

1. 检查前的准备

(1) 检查人员的准备。剪短、磨光指甲，对手进行消毒，检查前涂上少量液态石蜡。

(2) 被检母畜的准备。清洗、消毒阴门、肛门及周围部位，清洗及消毒时，从阴门、肛门向四周清洗消毒；保定，排出宿粪。

2. 检查方法

(1) 牛的直肠检查。手伸入直肠后，手掌平伸，手心向下，在骨盆底部下压可摸到一个管状结构即为牛的子宫颈，沿子宫颈向前触摸，可摸到角间沟、子宫角大弯，沿大弯稍向下或两侧，即可摸到杏核大小的结构即为卵巢。牛的正常子宫角呈圆柱状弯曲，用手触压时卷曲明显，角间沟清晰。牛的卵巢较小，如杏核状大小，触摸时弹性较好，呈半游离状态，发情时卵巢上有卵泡发育。找到卵巢后，仔细触摸以了解卵泡的发育情况。

(2) 马的直肠检查。手伸入直肠后，先可摸到子宫颈，然后摸到子宫体、子宫角，当伸到髋结节内侧下方 1～2 掌处的周围时下压可摸到一个蛋状结构即为卵巢。由于母马的两个卵巢相距较远，故检查左卵巢用右手，检查右卵巢用左手。找到卵巢后，仔细触摸以了解卵巢上卵泡的发育情况。

【注意事项】

(1) 家畜努责时，术者应停止动作，动作要轻。

(2) 对马进行检查时，要注意马粪颗粒与卵巢的区别，不要捏碎马粪颗粒，防止草渣损伤直肠。

（3）直肠检查时，要保定好母畜，注意人畜安全。检查者应以丁字步方式站在其后，防止被踢伤。检查时要注意观察母畜的反应，以便随时进行调整。

 **自 我 测 试**

一、名词解释

1. 发情　2. 母畜初情期　3. 性成熟　4. 初配适龄　5. 发情周期　6. 发情持续期　7. 发情季节　8. 产后发情　9. 安静发情　10. 自发性排卵

二、填空题

1. 卵泡破裂排卵后形成黄体，一直到黄体开始退化为止的时期，称＿＿＿＿＿＿＿。

2. 母畜发情周期按二分期法分为＿＿＿＿＿＿＿和黄体期。

3. 母牛患卵泡囊肿时，表现为长期发情，出现"＿＿＿＿＿＿＿"现象。

4. 一般来说，营养水平高的母畜初情期比营养水平低的＿＿＿＿＿＿＿。

5. 发情鉴定的基本方法有＿＿＿＿＿＿＿、＿＿＿＿＿＿＿、＿＿＿＿＿＿＿、等方法。

6. 牛、猪的排卵类型是＿＿＿＿＿＿＿。

7. 发情鉴定中的直肠检查法主要是触摸＿＿＿＿＿＿＿来加以判断。

8. 个体小的品种，其初情期较个体大的＿＿＿＿＿＿＿。

9. 母马是＿＿＿＿＿＿＿日照发情动物。

10. 各种母畜发情鉴定最常用的方法是＿＿＿＿＿＿＿。

三、选择题

1. 猪的初情期是（　　）月龄。

　　A. 6～12　　　　　B. 3～6　　　　　C. 3～4　　　　　D. 8～12

2. 马的产后发情一般在产后（　　）。

　　A. 2～3 个月　　　B. 3～7d　　　　C. 40～60d　　　D. 6～12d

3. 母畜排卵时间出现在发情结束后的家畜是（　　）。

　　A. 猪　　　　　　B. 牛　　　　　　C. 羊　　　　　　D. 兔

4. 在异常发情中只有发情表现，没有成熟的卵子排出，属于（　　）。

　　A. 安静发情　　　B. 短促发情　　　C. 断续发情　　　D. 假发情

5. 在下列家畜中，（　　）的排卵属于诱发排卵。

　　A. 牛　　　　　　B. 猪　　　　　　C. 羊　　　　　　D. 兔

6. 下列属于季节性发情的动物是（　　）。

　　A. 猪　　　　　　B. 牛　　　　　　C. 犬　　　　　　D. 兔

7. 母畜发情的外部表现不明显，但卵泡往往能发育成熟并排卵，这种发情属（　　）。

　　A. 孕后发情　　　B. 安静发情　　　C. 断续发情　　　D. 产后发情

8. 猪的发情周期平均为（　　）d。

　　A. 3　　　　　　　B. 10　　　　　　C. 21　　　　　　D. 60

9. 在排卵窝排卵的动物是（　　　）。
　　A. 猪　　　　　　　B. 牛　　　　　　　C. 羊　　　　　　　D. 马

10. 绵羊的发情周期为（　　）d。
　　A. 8～15　　　　　B. 21　　　　　　　C. 17　　　　　　　D. 30

11. 雌性动物发情的本质是（　　　）。
　　A. 产生黄体　　　B. 产生孕激素　　　C. 精神状态异常　　D. 卵泡发育并排卵

12. 发情外部表现不明显的动物是（　　　）。
　　A. 牛　　　　　　　B. 绵羊　　　　　　C. 猪　　　　　　　D. 马

13. 试情法鉴定发情时，最常用的动物是（　　　）。
　　A. 马　　　　　　　B. 牛　　　　　　　C. 羊　　　　　　　D. 猪

14. （　　　）产后第1次发情，有卵泡发育且可排卵，配种可受胎。
　　A. 母猪　　　　　　B. 母马　　　　　　C. 母牛　　　　　　D. 母羊

15. 在进行阴道检查时，插入阴道扩张筒，先斜向上方插入，再（　　　）插入。
　　A. 斜向下　　　　　B. 斜向右　　　　　C. 平行　　　　　　D. 垂直

四、判断题

（　　）1. 羊属于全年多次发情的家畜。
（　　）2. 小家畜的初情期一般早于大家畜。
（　　）3. 母畜达到了性成熟，可立即进行配种。
（　　）4. 凡有排卵的发情都是正常发情。
（　　）5. 母畜初情期与年龄有关，而与其体重大小无关。
（　　）6. 家畜的季节性发情，是长期自然选择的结果，因此是不变的。
（　　）7. 所有家畜产后的第1次发情都是不可育的。
（　　）8. 诱发排卵的动物，其发情周期长度不受交配行为的影响。
（　　）9. 三级卵泡、成熟卵泡都属于有腔卵泡。
（　　）10. 母猪产后3～6d的发情配种也可正常受胎。
（　　）11. 母畜生理性乏情的本质是卵巢上既无卵泡发育，又无黄体存在。
（　　）12. 母畜开始配种的体重应为其成年体重的70%左右。
（　　）13. 发情周期内，子宫颈是封闭的。
（　　）14. 猪、羊的发情鉴定主要是试情法。
（　　）15. 牛属全年性发情动物。

五、简答题

1. 母畜发情时，主要生理变化有哪些？
2. 常见的异常发情有哪几种？
3. 简述发情鉴定的意义、原则及方法。
4. 简述母猪外部观察法鉴定发情的方法。
5. 简述牛发情鉴定直肠检查法的步骤及注意事项。

项目二

采精及精液的处理

【项目任务】

1. 熟悉公畜的采精方法。
2. 了解精液的组成及影响精子生存的外界因素。
3. 掌握精液的品质检查方法。
4. 掌握精液的稀释技术及精液的保存与运输方法。

任务 1　采精与精子

【任务目标】

知识目标

1. 了解对公畜进行采精的准备工作及各种公畜的采精要点。
2. 了解精子的发育及结构。

技能目标

1. 能正确安装、调试假阴道。
2. 掌握猪的徒手采精法。

【相关知识】

一、采精前的准备

1. 场地的要求及准备　采精应有专门的场地，以便公畜建立稳固的条件反射；采精场地应防滑、安静、明亮、平坦、清洁，利于消毒，防扬尘；采精室应紧靠精液处理室，内设供公畜爬跨的假台畜和保定真台畜用的采精架。

采精场地

2. 台畜的要求与准备　台畜是供公畜爬跨用的台架，有假台畜与真台畜两种。

（1）假台畜。指用有关材料仿照母畜的体型制作的采精台架，各种家畜均可采用。制作时要根据公畜的体尺制作。假台畜包括架子部分与台架包裹材料，架子部分可用钢质材料或木质材料制作，材料要求坚固耐用，制作尺寸要适合于公畜的正常爬跨，架子下面应为空心，以利于采精操作；包裹材料一般分两层，内层可用弹性较好的棕垫、棉垫、海绵垫、布垫等作主要材料，将台架整体进行覆盖，主要是使公畜爬跨时感到舒适。外层则用经过防腐处理的母畜皮张或麻布等进行包裹，最好用母畜的皮张，其余存的外激素有利于刺激公畜的性欲。有条件的，可增设可升降、可调温的结构。台畜制作好后要求无损伤公畜的尖锐物，并固定到采精场地上（图 3-2-1）。

（2）真台畜。用发情的母畜作台畜即为真台畜。真台畜要求健康、体壮、性情温顺，无

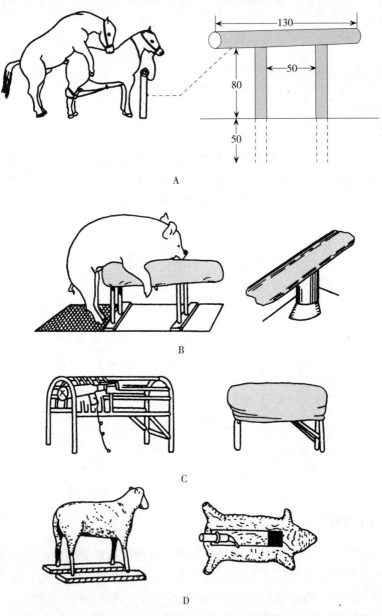

A. 马采精横木架及母马的保定（单位：cm）　B. 左为公猪爬跨假台猪，右为两端式假台猪
C. 左为假台马的结构（已装上假阴道），右为假台马外形（牛亦可参照此图）
D. 左为假台羊外形，右为假阴道安装位置

图 3-2-1　采精用假台畜

（李青旺，2002. 畜禽繁殖与改良）

恶癖，体格与公畜相适应。采精时要求对其外阴及其周围的部位进行清洗、消毒。大家畜还应进行适当的保定。

3. 器械准备　凡与采精有关的所有器械均要求彻底地进行清洗、消毒，然后按要求进行安装、润滑并调试到可用状态。

4. 公畜及采精员的准备　对公畜的包皮口周围要进行清洗，如包皮口的长毛应剪掉；采精员手臂要清洗、消毒，剪短、磨光指甲，穿好工作服。

5. 假阴道的准备

（1）假阴道的结构。假阴道是模仿母畜阴道的生理条件而设计的一种采精工具。虽然各种家畜假阴道的外形、大小有所差异，但其结构基本相同。假阴道一般都由外壳、内胎、集精杯（瓶、管）、活塞、固定胶圈等部件构成（图3-2-2）。

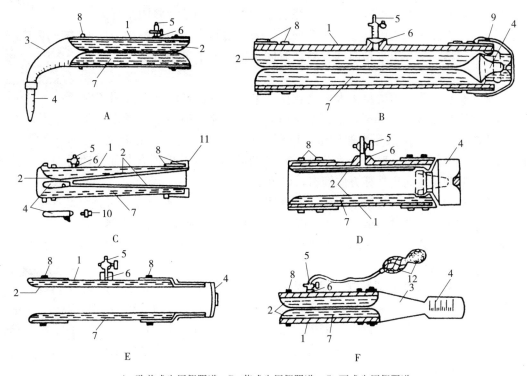

A. 欧美式牛用假阴道　B. 苏式牛用假阴道　C. 西式牛用假阴道

D. 羊用假阴道　E. 马用假阴道　F. 猪用假阴道

1. 外壳　2. 内胎　3. 橡胶漏斗　4. 集精杯　5. 气咀　6. 注水孔

7. 温水　8. 固定胶圈　9. 集精杯固定套　10. 瓶口小管　11. 假阴道入口泡沫垫　12. 双连球

图3-2-2　各种动物的假阴道

（杨利国，2003. 动物繁殖学）

（2）假阴道调试时应注意的问题。假阴道经正确安装调试后，应具有适宜的温度（38～40℃）、适当的压力和适宜的润滑度。温度来自注入假阴道内的温水，温度过低，不能引起公畜的性欲；温度过高，公畜承受不了，无法采精，甚至烫伤公畜阴茎，增加以后的调教难度。压力是借助注水和空气来调节的，压力不够，对公畜刺激不够，采不到精液；压力过大，公畜阴茎难

羊假阴道的　牛假阴道的
安装　　　　准备

以深入假阴道，既易引起内胎破裂，也易损伤公畜的生殖器官。通常用液状石蜡或医用凡士林作润滑剂。润滑度不够，公畜阴茎会不适，采精效果差；润滑剂过多，常与精液混合，影响精液品质。

公牛采精

二、采精方法

1. 假阴道采精法　利用假阴道法采精时，采精员一般站在台畜的右后方，当公畜爬跨台畜时，右手执假阴道，并迅速将其靠在台畜的尻部，使假阴道与公畜阴茎伸出方向一致，同时用左手托起阴茎，将阴茎导入假阴道。当公畜射精完毕从台畜上跳下时，采精员持假阴道跟进，阴茎自然脱离假阴道后，取下集精杯，把精液送到处理室。

公羊采精

牛、羊对假阴道的温度较敏感，要特别注意温度的调节。将阴茎导入假阴道时，勿用手抓握，否则会造成阴茎回缩。采精过程中，当公畜用力向前一冲即表示射精。牛、羊采精时间及射精时间很短，要求采精员操作必须准确、迅速、熟练。

公马（驴）对假阴道的压力及温度比牛、羊更敏感，且阴茎在假阴道内抽动的时间比较长（1～3min），假阴道又较重，所以必要时可换手操作，即用右手托住集精杯，左手环抱假阴道，以利于假阴道的固定。采精过程中，

自动采精
系统

当公马（驴）头部下垂，啃咬台畜肩头，臀部的肌肉和肛门出现有节律颤动时即表示已射精，此时需使假阴道向集精杯方向倾斜，以免精液倒流。

假阴道采精，压力对公猪最重要，采精时要特别注意压力的调节，并连接双连球，在采精过程中，按100～120次/min的频率挤压双连球，以达到按摩公猪阴茎的效果，以利于刺激公猪的性兴奋。公猪的射精时间长达几分钟，中间会出现停歇，此时要用双连球继续对公猪进行按摩，以增加射精量。

2. 猪的手握（徒手）采精法　对公猪进行采精最好用手握采精法，此法具有用具少、操作简单、采集量相对较多的优点，并且用少量的采精器械即可进行采精，免去了用假阴道采精需进行假阴道安装、调试等工作，与精液接触的器具少，减少了精液污染的机会。因此，手握采精法在猪采精工作中得到了普遍的应用。

手握法采精

三、采精频率

合理安排采精频率，既能最大限度地发挥公畜的利用率，保证精液品质，也有利于公畜的健康，增加使用年限。

采精频率是根据公畜睾丸的生精能力、精子在附睾的贮存量、每次射出精液中的精子数及公畜体况等来确定的。睾丸的生精能力除遗传因素外，与饲养管理密切相关。因此，如公畜的饲养管理得当，可适当增加采精频率。

一般成年公畜的采精频率如下：

牛：一般2～3次/周，水牛可隔日1次。

羊：2～3次/d，每次之间至少间隔12min。

猪：3次/周，配种高峰也可1次/d，但连采3d应休息1d，且应注意加强营养。

马：2～3 次/周，配种高峰也可 1 次/d。

兔：3～4 次/周。

四、公畜的采精调教

利用假台畜采精需要对公畜进行调教。调教公畜时，一般按以下方法步骤进行：

（1）对未包裹母畜皮的假台畜，调教时，可在假台畜的后躯涂抹发情母畜阴道分泌物、尿液等，利用其中所含外激素刺激公畜的性兴奋，诱导其爬跨假台畜。多数公畜经几次即可成功。

（2）在假台畜的旁边拴系一发情母畜，让待调教公畜爬跨发情母畜，然后拉下，反复几次，当公畜的性兴奋达到高峰时将其牵向假台畜，一般可成功。

（3）可让待调教公畜目睹已调教好的公畜利用假台畜采精，然后诱导其爬跨假台畜，可调教成功。

调教期间，要注意公畜的饲养管理，使公畜保持良好的繁殖体况。公畜性欲在上午较强，要确定合适的训练时间，特别是在夏季高温季节更应避免在中午和下午进行调教。

在调教过程中，技术人员要有耐心，多诱导，绝不能用强迫、鞭打、恐吓等暴力手段，避免形成性抑制。

五、精细胞的结构

1. 精子的结构　动物睾丸曲精细管产生的精细胞，经过细胞分裂最后转变为精子。哺乳动物精子在形态和结构上有共同的特征，分头、颈、尾 3 个部分，表面有质膜覆盖，是含有遗传物质并有活动能力的雄性配子（图 3-2-3）。

（1）头部。家畜精子的头部为扁卵圆形，家禽的精子则比较特殊，呈长圆锥形。精子的头部主要由细胞核构成，内含遗传物质（DNA）。核的前部，在质膜下为帽状双层顶体，也称核前帽。核的后部分有核的后帽包裹，并与前帽形成局部交叠部分，称为核环。有些动物精子的前端形成一个锥形突起，称为穿卵器，有利于受精过程中精子进入卵子。

顶体内含多种与受精有关的酶，是一个不稳定的结构，顶体畸形、残缺或脱落会使精子的受精能力降低或完全丧失。

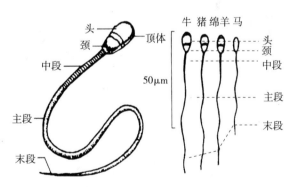

图 3-2-3　几种家畜精子的结构

（张忠诚，2004. 家畜繁殖学）

（2）颈部。位于头的基部，是头和尾的连接部。颈部是精子最脆弱的部分，特别是在精子成熟、体外处理和保存过程中，某些不利因素的影响极易造成尾部的脱离，变成无尾精子。

（3）尾部。为精子最长的部分，是精子的代谢和运动器官。精子主要靠尾部的鞭索状波动，推动精子向前运动。精子的尾部分为中段、主段和末段 3 部分。中段由颈部延伸而成，内有螺旋状盘绕的线粒体，可以连续不断地产生能量，因此头尾脱离和头部有缺陷或损伤的精子仍可能有运动能力；主段是精子尾部最长的部分；末段很短，一般只有 $3\sim5\mu m$。

2. 精子的发育　精子的形成是指精子在睾丸内形成的全过程。包括精细管上皮的生精细胞分裂、增殖、演变和向管腔释放等过程。牛、绵羊和马的精子发生过程基本一致，大体可划分为 4 个阶段，其他动物可能有些差别。

（1）精原细胞的分裂和初级精母细胞的形成。精原细胞首次分裂时，同时产生一个活动的精原细胞（初级精母细胞）和一个暂时休眠的干细胞，此阶段细胞分裂为有丝分裂，分裂后的细胞所含的染色体数目与分裂前细胞相同。

（2）初级精母细胞进行第 1 次减数分裂。一个初级精母细胞分裂成两个次级精母细胞，染色体数目减半。

（3）初级精母细胞的第 2 次减数分裂和精细胞的生成。每个次级精母细胞在短时间分裂成两个精细胞。这样，一个精原细胞经过有丝分裂和减数分裂后形成 4 个精细胞。

（4）精细胞的变形和精子的形成。最初的精细胞为圆形，随后在形态上发生明显变化，细胞核变为精子头部的主要部分，高尔基体形成顶体，中心小体变成精子的尾，线粒体逐渐聚集在尾的中段形成该段特有的线粒体鞘膜。细胞的原生质浓缩为一个球形的原生质滴，附着在精子的颈部。通过这个变形过程，圆形的精子细胞逐渐形成蝌蚪状的精子，并脱离精细管上皮的足细胞，游离于精细管腔（图 3-2-4）。

精子的发生

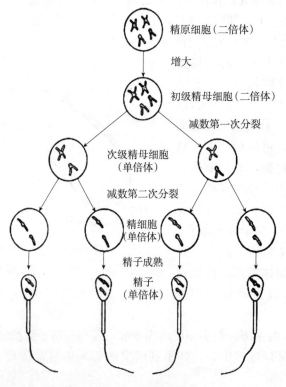

图 3-2-4　精子的发生
（仅用两对同源染色体为例）

技能训练一　假阴道的识别、安装与调试

【训练目的】通过技能训练，能正确识别猪、马、牛、羊用假阴道及其配套设备；能正确进行假阴道的安装和调试。

【训练材料】

(1) 各种家畜假阴道的外壳、内胎、集精杯（集精瓶）、胶塞、胶圈。

(2) 长柄钳子、玻璃棒、漏斗、双连充气球、水温计、75%酒精棉球、液态石蜡或医用凡士林、温水等。

【方法与步骤】

1. 认识各种家畜假阴道

(1) 牛的假阴道。有欧式和苏式两种，外壳一般为黑色硬橡胶或塑料制成的圆筒，中部有注水孔（兼充气孔），配有阀门塞，可由此注水和空气。内胎是由优质橡胶制成的长筒，里面较光滑、细腻，外面相对较粗糙。苏式的集精杯为一双层棕色玻璃瓶，设计有保温层，可注温水以防精液受到冷刺激。欧式集精杯是在外壳的一端连接橡胶漏斗，在漏斗上连接有刻度的集精杯，最外层用保温套防护。

(2) 羊的假阴道。羊的假阴道与牛的假阴道结构、形状相似，但要小而短，集精杯也相对较小。

(3) 马的假阴道。外壳是由镀锌铁皮焊制而成的圆筒，长约50cm，形似普通的暖水瓶，中部有手柄，便于采精时把握，侧面有注水孔（兼充气孔）。内胎比牛的大而长。集精杯是一黑色橡胶筒，装在细端。

(4) 猪的假阴道。猪的假阴道直径与牛的相近，但比牛用假阴道短，侧面的注水孔（兼充气孔）靠近一端的1/3处，集精杯一般为有刻度的棕色玻璃瓶，容量为500mL。

2. 假阴道的安装与调试

(1) 安装。安装前，要仔细检查内胎及外壳是否有裂口、破损、沙眼等，将内胎的粗糙面朝外，光滑面向里放入外壳内。用内卷法和外翻法把内胎套在外壳上，用胶圈固定，要求松紧适度，不扭曲。

(2) 消毒。用长柄钳子夹酒精棉球，对内胎进行涂擦消毒。消毒的顺序为由内向外呈螺旋形进行。

(3) 注水。由注水孔向外壳内注入45～50℃的温水，水量为外壳与内胎间容积的2/3，注水完毕后拧紧阀门。

(4) 涂抹润滑剂。待酒精挥发后，先用生理盐水或稀释液等冲洗内胎，然后涂抹润滑剂。用玻璃棒蘸取液态石蜡或医用凡士林由外向里在内胎上均匀涂抹，深度掌握在外壳长度的1/3左右。

(5) 充气调压。用双连球连接注水孔，向里充气，此时假阴道外口内胎呈Y形或H形。

(6) 测温与调压。用温度计插入假阴道中间部位测定温度，一般以38～40℃为宜，同时用玻璃棒或温度计从阴茎插入端进行抽插运动以调试压力，以能感到有一定压力但抽插又轻松为宜。

调试结束后，在阴茎插入端覆以消毒纱布，装入保温箱内备用。

技能训练二　公猪的徒手采精

【训练目的】通过技能训练，掌握猪徒手采精法的操作技术。

【训练材料】

1. 器械　乳胶手套、集精瓶、漏斗、过滤纱布 2～3 层、台畜（假台猪）。

2. 药品　0.3％高锰酸钾溶液、75％酒精。

【方法与步骤】

1. 准备　将集精瓶、漏斗、过滤纱布用清水洗净，并用干净纱布包裹好后置于蒸锅桥板上，蒸锅内先装入适量清水，以不淹没桥板为宜，盖上锅盖进行蒸煮消毒，同时用 75％酒精对乳胶手套进行涂抹消毒，待酒精完全挥发后备用。

采精前，将 2～3 层过滤纱布盖在漏斗上，把漏斗插入集精瓶，采精员戴上乳胶手套准备采精。

2. 采精方法　采精员或助手将用于采精的种公猪赶到台畜处，用 0.3％高锰酸钾溶液对公猪包皮及周围部位进行擦洗消毒，再用生理盐水冲洗并擦干。然后诱导其爬跨台畜，采精员面朝公猪头端蹲于台畜一侧，用对侧手（即在公猪右侧用左手，在左侧用右手）呈半握状置于包皮处，当公猪阴茎逐渐勃起并伸出包皮时，让阴茎在拳内抽动数次，使公猪阴茎所带出的分泌物润滑乳胶面，以减少对公猪的不良刺激。当阴茎充分勃起后，采精员迅速握住公猪阴茎螺旋部，将阴茎拉出包皮，然后用食指、中指握住阴茎，拇指有节律地按摩龟头，无名指、小指则配合中指、食指有节律地握放（80～120 次/min），以刺激公猪。当公猪出现弓背、颤尾现象时，说明公猪即将开始射精，握放动作及对龟头的刺激应逐渐停止下来，准备收集精液。

收集精液时，一般用带有过滤纱布的保温集精杯收集。公猪射精时间可持续 5～7min，分 3～4 次射出。开始射出的精液较透明，精子较少，且含有少量对精子有害的残留物，不予收集，当精液呈混浊状时，再用集精瓶收集。

【注意事项】

（1）台畜的尺寸应与公猪的个体大小相适应，台畜上不可有易于划伤公猪的钉子等物。台畜上最好用成年母猪皮包裹。

（2）握阴茎时用力要适当，以不让公猪阴茎滑脱又不使公猪产生不适为宜，拇指对龟头的按摩要轻柔。

（3）收集猪精液时，最先射出的少量的透明液体含精量少且含有冲洗尿生殖道的残留尿液，故不予收集。当精液呈混浊状时，才开始收集。

（4）公猪射精过程中，会不断产生对精子有害的胶状物，采精员应用另一只手随时清除。

技能训练三　公羊的采精

【训练目的】通过对羊进行采精训练，掌握牛、羊的采精技术要领。

【训练材料】

1. 羊用假阴道　包括外壳、内胎、集精杯、密封胶圈等。

2. 药品　0.3％高锰酸钾溶液、75％酒精、液态石蜡或医用凡士林。

3. 台畜

【方法步骤】

1. 准备

（1）假阴道的准备。按假阴道的安装、调试要求将羊用假阴道进行正确的安装、消毒、润滑与调试。要求采精前将假阴道内温度调节到38～40℃，并调节到适当的压力。

（2）采精员的准备。对手臂进行清洗消毒，剪短、磨光指甲，穿工作服。

（3）公羊的准备。用0.3％高锰酸钾溶液对公羊包皮口周围进行清洗消毒，之后再用清水或生理盐水冲洗，最后用抹布擦干。

2. 采精

（1）由助手将采精用公羊引到台畜处，诱导其进行爬跨。

（2）采精员蹲于台畜右侧近臀部，右手执假阴道斜置于台畜右臀部，当公羊爬上台畜时，快速用左手将阴茎导入假阴道，右手稍用力，使假阴道入口紧贴公羊腹部的包皮口，防止阴茎从假阴道滑脱。当公羊向前一冲即表示射精。公羊射精后会向后退下台畜，采精员应跟着后退，并从上往下取下假阴道，垂直停止一会，让精液充分流入集精杯后，取下集精杯，送往处置室进行处理。

【注意事项】

（1）公羊阴茎插入假阴道时，切勿用手抓握，否则会造成阴茎回缩。

（2）由于公羊采精时间及射精时间很短，所以要求采精员操作必须准确、迅速、熟练。

任务2　公畜的精液

【任务目标】

知识目标

1. 了解公畜精液的组成及其生理特性。

2. 了解影响精子生存的外界因素。

【相关知识】

一、精液的组成及其生理特性

（一）组成

根据来源，精液由精清与精子组成。精清主要由副性腺与附睾分泌，是精液的主要组成部分。副性腺发达，公畜的射精量相对就大，如猪、马、驴；副性腺不发达，射精量相对便较少，如牛、羊、兔。

根据化学成分，精液由无机物与有机物组成。

1. 无机成分

（1）阳离子。如钾、钠、钙、镁、铁、锌等离子。

（2）阴离子。如氯、磷酸根、碳酸氢根等离子。

（3）水。家畜精液中的水分占精液总量的 92%～98%。

2. 有机成分

（1）糖类。主要有果糖，另外还有丙酮酸、乳酸、山梨醇、肌醇等。

（2）蛋白质类。

①组蛋白。是组成精子的主要成分。

②氨基酸。如谷氨酸、缬氨酸、天门冬氨酸等，可给精子提供营养。

③酶类。主要有磷酸酶、糖苷酶、三磷酸腺苷酶、乙酰胆碱酶等，它们主要参与精子的各种代谢活动。

④核酸。主要由核蛋白组成，存在于精子的头部，是精子的遗传物质。

（3）脂质。有卵磷脂、缩醛磷脂。卵磷脂有助于延长精子的存活时间及防止冷休克的作用。

（4）维生素。主要有维生素 B_1、维生素 B_2、维生素 C、泛酸、烟酸等。

（5）柠檬酸。是精液的缓冲物质，可防止或延缓精液的凝固。

（6）甘油磷酸胆碱。可提供精子所需的能量。

（二）精清的作用

1. 稀释精液　在附睾中精液高度浓缩，射精时，当精液通过尿生殖道时，副性腺会分泌大量精清，从而对精液起到稀释作用，未与精清混合的精子无法射精。

2. 缓冲作用　精清中有柠檬酸盐和磷酸盐等缓冲物质，对精子所处环境有一定的缓冲作用，以便更好地保护精子。

3. 可提供精子所需的能量及营养物质　精清中含氨基酸及果糖、山梨醇和甘油磷酸胆碱等，都是精子代谢的外源营养物质。所以当精子在体外或在母畜阴道中，其可及时补充其所需要的营养与能量。

4. 有利于精子的运输和防止精液倒流　猪、马、驴的精液进入母畜阴道后，精清所形成的絮状物可阻止部分精液外流。

5. 凝固作用与液化作用　猪、马、驴的精液进入母畜阴道或采集到体外时，精清会形成一些絮状物，而牛、羊的精液则不会形成这样的物质。

（三）精子的生理特性

1. 精子的代谢　精子的代谢方式包括无氧呼吸（又名果糖分解作用）与有氧呼吸两种。在无氧条件下，精子对果糖等糖类进行分解而获得能量，这种代谢作用消耗能量物质相对较少；而在有氧条件下，可对能量及营养物质进行分解作用，其消耗相对较大。且代谢受精子所处温度环境影响较大，如在适宜的温度下，精子活力较好，其消耗能量及营养物质则较多。如能通过温度控制精子活力，则其消耗能量及营养物质较少，因此，精液在超低温环境中（如－196℃）可储存较长时间。

2. 精子的运动 由于有尾部这一运动结构，故在一定的条件下，精子可以进行运动。其运动主要有3种方式：

（1）直线运动。其运动的幅度较大，运动的轨迹趋于直线。这种精子的活力最好。

精子的运动
方式

（2）旋转运动。精子运动的轨迹趋于圆圈。这种精子活力相对较差。

（3）摆尾运动。精子在原地只有尾部在摆动。这种精子已趋于死亡。

二、影响精子生存的外界因素

1. 物理因素

（1）温度。精子在超过40℃的高温条件下很快死亡；在1～39℃的温度条件下，随着温度的升高，精子的活动性则逐渐增大；在超低温环境条件下（如－196℃），如处理得当，精子活动几乎停止，但可较长时间存活；精子对变温环境适应性较差。

（2）光线与辐射。日光、紫外线、辐射对精子均有一定的杀伤作用。

（3）烟气味。烟气味对精子有杀灭作用。

（4）振荡。较剧烈的振荡易导致精子畸形率上升。

2. 化学因素

（1）pH。偏弱碱性可增强精子的活力，偏弱酸性可降低精子活力。

（2）渗透压。等渗环境最有利于精子存活。

3. 生物因素 所有微生物对精子都有不良的影响，有的植物花粉也可危害精子。

4. 药品 凡是有刺激性的药物对精子都有害。但适量使用抗生素对精子有一定的保护作用。

任务3 精液品质检查

【任务目标】

知识目标

1. 掌握影响精液品质的因素。

2. 掌握精子活力、精子密度、精子畸形率等的概念。

技能目标

1. 掌握精液的一般性状的检查方法。

2. 掌握精子活力、精子密度、精子畸形率的检查方法。

【相关知识】

通过检查精子的品质，可用于确定采精频率、检查公畜的健康状况及营养状况，为稀释精液及调整饲养管理措施提供依据。

一、精液的一般性状检查

精液的一般性状检查包括云雾状、色泽、气味、pH、精液量等。

1. 云雾状　精液置于玻璃容器中进行观察，内有呈云雾一样运动的现象，称为精液的云雾状。一般云雾状越明显，说明精子密度越大，活力越高。一般牛、羊、兔的精液云雾状明显，猪、马、驴次之。云雾状明显可用"＋＋＋"表示；较明显用"＋＋"表示；不明显用"＋"表示。

2. 颜色　正常情况下，牛、羊的精液呈乳白色或乳黄色；猪、马、驴的精液呈乳白色或灰白色。颜色越浓，说明精子密度越大。如呈现异常颜色，则说明有问题。颜色异常的精液应废弃。采精发现精液颜色异常应立即停止采精，查明原因，及时治疗。

3. 气味　一般精液有微腥臭味，如有异味则说明不正常。

4. pH　可影响精子的存活。pH 可以用 pH 试纸测定。一般家畜的正常 pH 为：黄牛6.9，水牛6.7，绵羊6.3，山羊6.5，猪7.5，马7.4，兔6.6。

5. 精液量　采精后将精液盛装在有刻度的试管或精液瓶中，可测出精液量的多少。猪和马的精液应用4～6层消毒纱布过滤或离心处理，除去胶状物质。各种家畜的采精量都有一定范围(表3-2-1)，精液量与正常差异较大，应查明原因，及时调整采精方法或对公畜进行治疗。

表 3-2-1　各种家畜的射精量

类别	一般射精量（mL）	范围（mL）
黄牛	5～10	0.5～14
羊	0.8～1.2	0.5～2.5
猪	150～300	100～500
马	40～70	30～300
驴	50～80	20～200
水牛	3～6	0.5～12

二、精子活力检查

精子活力是精液检查最重要指标之一，在采精后、稀释前后、保存和运输前后、输精前都要进行检查。检查精子活力需借助显微镜，一般放大100～400倍，把制好的抹片放在显微镜下用低倍镜进行观察。

1. 精子活力　是指精液中呈直线运动的精子占总精子数的百分比。

2. 检查方法

(1) 平板压片法。取滴一滴精液于干净的载玻片上，涂匀，盖上盖玻片，迅速置于显微镜下检查。此法简单、操作容易，但精液干燥较快，检查必须快速完成。

(2) 悬滴法。在盖玻片上滴上一滴精液，然后反放于凹玻片的凹窝上，即制成悬滴玻片。此法精液较厚，检查时间可稍长，但检查结果可能偏高。

3. 检查温度　检查室的温度要求在18～25℃，检查箱的温度应控制在37～38℃。显微镜的保温装置见图3-2-5。

4. 计分方法　评定精子活力的准确度与经验有关，具有主观性，检查时要多看几个视野，取平均值进行记录。精子活力的计分方法有十级记分制和五级记分制两种方法（表3-2-2）。

(1) 猪、马、驴一般用十级记分制。

精子活率
（力）评定

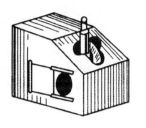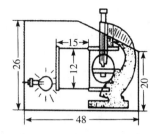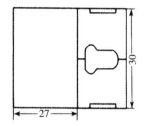

图 3-2-5　显微镜保温箱（单位：cm）

（侯放亮，2005. 牛繁殖与改良新技术）

（2）牛、羊、兔的原精液一般用五级记分制记分。牛、羊精液精子密度大，为观察方便，可用稀释液或生理盐水等稀释后再检查，稀释后也可用十级记分制记分。

表 3-2-2　精子活力的记分方法

直线运动精子比例（%）	100	90	80	70	60	50	40	30	20	10
十级记分	1.0	0.9	0.8	0.7	0.6	0.5	0.4	0.3	0.2	0.1
五级记分		5		4		3		2		1

三、精子密度的检查

1. 精子密度的概念　精子的密度是指在一定容积的精液中的精子数量。一般是指单位体积（1mL）精液内所含有精子的数目。

2. 检查方法

（1）估测法。在检查精子活力的同时，根据视野中精子的分布情况进行评定。根据显微镜下精子的密集程度，把精子的密度大致分为"密""中""稀"3 个等级（图 3-2-6）这种方法只能大致估计精子的密度，主观性强，误差较大。

估测结果
评定

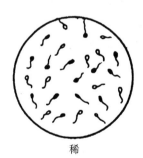

密　　　　　　　　　　中　　　　　　　　　　稀

图 3-2-6　用估测法评定精子密度

（侯放亮，2005. 牛繁殖与改良新技术）

"密"：整个视野布满精子，精子之间的空隙小，看不清单个精子。10 亿个/mL 以上。

"中"：精子与精子之间的距离约可容纳一个精子的长度。3 亿～8 亿个/mL。

"稀"：精子之间的距离超过一个精子的长度。2 亿个/mL 以下。

如视野中不存在精子，则不进行等级评定但可用"无"表示。

（2）计数法。即用血细胞计数器进行检查。用血细胞计数法定期对公畜的精液进行检查，可较准确地测定精子密度。此法为手动检查，要求较高，现多用自动计数仪进行检查计数。

精子密度仪　　血细胞计数法

（3）光电比色法。此法能快速、准确地对精液进行检查，且操作简便易学，但要求购置光电比色仪，且要求由较高水平的技术员或专家制作"精液密度标准管"及"精子密度对照表"，所以一般只适合于具有较好条件的实验室检查。检查时，将精液稀释80～100倍，用光电比色计测定其透光值，查表即可得知精子密度。（见技能训练一：精液一般性状的检查与精子活力、精子密度的检查）

四、精子畸形率的检查

1. 概念　畸形率指畸形精子占精子数的百分比。一般是观察500个精子中畸形精子数，用下列公式计算：

精子畸形率评定

$$畸形率 = \frac{畸形精子数}{500} \times 100\%$$

2. 畸形精子的种类

（1）头部畸形精子。如巨头精子、小头精子、缺头精子、双头精子等。

（2）尾部畸形精子。如缺尾精子、短尾精子、长尾精子、折尾精子、双尾精子等。

另外，还有颈部畸形精子等（图3-2-7）。

3. 检查方法　取精液一小滴，均匀地涂于载玻片上，自然干燥3～4min，用96%酒精滴于涂片上固定精子2～3min，再用亚甲蓝染液染色2～3min，然后用蒸馏水轻轻冲洗自然干燥后，置于高倍镜下进行观察。

4. 注意事项　用精液涂片时方法要正确，防止精子畸形率提高；染色时，如没有亚甲蓝染液也可用红、蓝墨水进行染色，但染色应适当延时，并要防止染液干于玻片上；用蒸馏水冲洗涂片时，水应呈细线状，冲力不可过大，防止将精子冲洗掉。

5. 各种家畜畸形率的标准　各种家畜的精子畸形率不能超过以下标准：黄牛18%，水牛15%，羊14%，猪18%，马12%。

另外，需要时，还可进行精子存活量的检查、顶体异常率检查、细菌学检查、精子生存时间和生存指数检查。

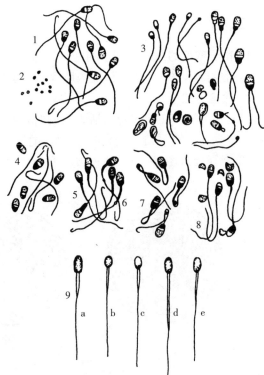

1.正常精子　2.游离原生质滴　3.各种畸形精子　4.头部脱落　5.附近有近端原生质滴　6.附近有远侧原生质滴　7.尾部扭曲　8.顶体脱落　9.各种家畜的正常精子　a.猪　b.绵羊　c.水牛　d.牛　e.马

图3-2-7　畸形精子类型

（耿明杰，2006.家畜繁殖与改良）

技能训练

技能训练一　精液一般性状的检查与精子活力、精子密度的检查

【训练目的】通过训练，掌握精液一般性状的检查方法、精子活力的检查方法、精子密度的检查方法（估测法）。

【训练材料】

（1）配有低倍镜的显微镜、载玻片、盖玻片、擦镜纸、纱布、小试管、玻璃棒、精子活力检查箱、电源插板、pH 试纸。

（2）家畜新鲜精液、生理盐水、等渗葡萄糖溶液稀释液。

【方法与步骤】

1. 精液的一般性状检查　把精液盛装在试管内，检查其颜色、气味及云雾状，看有无异常；用 pH 试纸检查精液 pH，根据一般家畜的正常值判断是否正常。

2. 精子活力检查

（1）平板压片法。把显微镜调整到备用状态，注意要使用暗视野，最好先制作一张试用片，将焦距、光圈、光线调至最佳效果，使视野清晰。将检查箱的温度升至 $37 \sim 39 ℃$，用玻璃棒或吸管取一小滴精液于载玻片上，轻轻盖上盖玻片，置显微镜下于 $100 \sim 200$ 倍进行观察。根据趋于直线运动的精子数占整个精子数的比例进行精子活力评定，并做好记录。

（2）悬滴法。取一小滴精液于盖玻片上，倒置盖片使精液呈悬滴状，放在凹玻片的凹槽内，置于镜下观察。调节显微镜，找到视野，多看几个层面，取均值作为评定结果。制片时，精液滴不可过大，否则易滑落。

3. 精子密度检查——估测法　在检查精子活力时，同时观察视野中精子的分布情况，根据精子的分布情况对精子密度按"密""中""稀"进行记录。

【注意事项】

（1）由于平板压片法检查精子活力，涂片干燥很快，所以检查要迅速。为评定准确，要推动玻片，观察 $3 \sim 5$ 个视野，取其平均值。

（2）检查精子活力时，如精子密度大，影响观察，可用生理盐水或等渗葡萄糖溶液稀释后再进行检查。

技能训练二　精子畸形率检查

【训练目的】通过技能训练，掌握精子畸形率的检查方法与注意事项。

【训练材料】

（1）配有低倍镜及高倍镜的显微镜、载玻片、盖玻片、擦镜纸、纱布、小试管、玻璃棒、电源插板、手摇计数器。

（2）家畜精液、生理盐水、精液稀释液、亚甲蓝染液、蒸馏水、96%酒精。

【方法与步骤】

1. 制片 用玻璃棒或吸管取一滴蒸馏水与载玻片上，用盖玻片呈 $30°\sim45°$ 角将水滴刮成一个四方形，然后用吸管吸取一小滴精液滴于四方形之上，反复倾斜载玻片，使精液均匀分布在四方形上，这样操作不会因制片而人为导致精子畸形。取精液时，精液滴既不可过大，又不可过小。过大导致干燥时间过长，精液过厚，不利于找到较好的检查视野；过小则不能正常涂片或使涂片面过小。

2. 干燥 正常情况下，在室温状态下放置 $3\sim4min$，抹片即可自然干燥。如室温较低，可将抹片置于 30℃ 左右的地方，使抹片正常干燥。

3. 固定 将 96% 酒精滴于涂片上 $2\sim3min$，使涂片正常干燥。

4. 染色 将吸管取一滴亚甲蓝染液滴于涂片上，并反复倾斜载玻片使染液覆盖涂抹有精液的地方，一般染色 $2\sim3min$ 即可。

5. 水洗 将蒸馏水形成细线状来冲洗掉涂片上多余的染料，以便进行观察。水流不可过大，否则易将精子洗掉。玻片冲洗至半透明状，能肉眼透视到玻片上的稀薄染料时较合适。

6. 镜检 先用显微镜的低倍镜找到清晰地视野，并选择一个典型的范围居于视野中央，再转换成高倍镜，用微调即可找到清晰的视野。

7. 计数 在高倍镜下不同的视野中计数 500 个精子，并用手摇计数器记录畸形精子数。

8. 计算 将畸形精子数代入公式进行计算。

$$畸形率=\frac{畸形精子数}{500}\times100\%$$

9. 结论 将计算结果与畸形率标准进行比较，并得出结论。

【注意事项】

（1）对涂片进行干燥时切不可用高温进行快速干燥，否则会使精子的畸形率提高。

（2）固定时，如酒精浓度不够，会使固定时间延长，固定效果欠佳。

（3）染色时如没有亚甲蓝染液，可用红、蓝墨水染色 $3\sim4min$。

（4）镜检时，在高倍镜下，调节显微镜螺旋不可过大，否则不易找到视野。

任务 4　精液稀释

【任务目标】

知识目标

1. 了解精液稀释的目的及要求。

2. 熟悉稀释液的成分及其作用。

3. 掌握稀释液的配制方法及注意事项。

技能目标

1. 能配制常用的稀释液。

2. 能用采购的稀释粉配制稀释液。

3. 能用稀释液稀释精液。

【相关知识】

精液稀释是向精液中添加适合精子体外存活并保持受精能力的液体的过程。一般精液保存、输精之前都要进行稀释。

一、精液稀释的目的

（1）扩大精液量，增加一次采精量的可配母畜数量，充分发挥优良公畜的种用价值。

（2）通过向精液中添加营养物质和保护剂，可延长精子在体外的存活时间。

二、稀释液的基本要求

（1）可补充精子的营养和能量。

（2）渗透压与精液相近。

（3）pH 与原精液相似。

（4）有抑制细菌的作用。

（5）成本低廉、制备简单。

三、稀释液的成分及作用

1. 稀释剂   一般用经过两次蒸馏的蒸馏水或等渗氯化钠溶液。

2. 营养剂   可提供精子存活所需要的能量及营养物质。

（1）糖类。如葡萄糖、果糖、半乳糖等。

（2）乳类。如乳粉、鲜乳等。

3. 保护剂

（1）可降低精液中电解质浓度的物质。糖类、酒石酸盐、磷酸盐等均有此作用。

（2）缓冲物质。柠檬酸钠、三羟甲基氨基甲烷（Tris）、酒石酸钾钠、磷酸氢二钠均能起到缓冲作用。

（3）防冷休克物质。进行低温保存时，精子从较高温度快速下降到较低温度时，会发生死亡，这种现象即冷休克。一般卵黄、乳类因富含卵磷脂而具有防冷休克的作用。

（4）抗冻物质。进行超低温保存时，精液在超低温条件下易形成冰晶而死亡，为此，稀释液要加入抗冻物质，防止精液冰晶化。一般甘油、二甲基亚砜（DMSO）、三羟甲基氨基甲烷等均有此作用。

（5）抑菌物质。因精液内或多或少均有少量微生物存在，如不进行处理，这些微生物会快速生长繁殖而伤害精子，故应加入一定的抑菌物质。一般用适量的抗生素即可，最常用的是青霉素、链霉素。

（6）维生素。据报道，在稀释液中适当加入相关的维生素，如维生素 B_{12} 等，有利于精子的保存。

4. 其他添加剂

（1）酶类。过氧化氢酶能分解精子代谢过程中产生的过氧化氢，消除其危害，利于维持精子活力；β-淀粉酶能促进精子获能，提高受胎率。

（2）激素。催产素、前列腺素等，促进母畜生殖道的蠕动。

（3）其他。二氧化碳、乙酸、植物汁等，可降低稀释液 pH，有助于精子保存。

四、稀释液的配制

1. 各种家畜的稀释液参考配方

（1）公羊精液稀释液。

①生理盐水稀释液。

NaCl	0.85g
蒸馏水	100mL
青霉素	1 000IU/mL
链霉素	1 000μg/mL

用此稀释液稀释后的精液可进行常温保存。

②乳粉-卵黄稀释液。

乳粉	10g
卵黄	10mL
青霉素	1 000IU/mL
链霉素	1 000μg/mL
蒸馏水	1 00mL

用此稀释液稀释后的精液可进行低温保存。

（2）猪精液稀释液。

①葡萄糖-卵黄稀释液。

葡萄糖	5g
卵黄	10mL
青霉素	1 000IU/mL
链霉素	1 000μg/mL
蒸馏水	100mL

用此稀释液稀释后的精液可进行低温保存。

②葡萄糖-柠檬酸钠-卵黄稀释液。

葡萄糖	5g
二水柠檬酸钠	0.3g
乙二胺四乙酸	0.1g
卵黄	8mL
蒸馏水	100mL
青霉素	1 000IU/mL
链霉素	1 000μg/mL

用此稀释液稀释后的精液可进行低温保存。

（3）马精液稀释液。

蔗糖乳粉稀释液。

11%蔗糖	50mL
10%～12%乳粉液	50mL

青霉素   1 000IU/mL
链霉素   1 000μg/mL

用此稀释液稀释后的精液可进行低温保存。

2. 可直接到市场采购相应的稀释剂成品   现市场上已有各种稀释剂产品出售,这些产品效果比自配稀释剂要好,且容易操作。配制稀释液时,只需严格按说明书进行稀释和处理即可。

3. 配制方法与要求

(1) 药品的称取与溶解。一般用天平准确称量后,放入烧杯中,加入蒸馏水溶解后搅拌均匀,用三角漏斗将滤液过滤至三角烧瓶中。

(2) 消毒。将过滤液放入水浴锅内水浴消毒 10～20min。

(3) 乳制品的处理。乳粉在溶解时先加等量蒸馏水,调成糊状,再加至定量的蒸馏水,用脱脂棉过滤。

(4) 卵黄的提取。卵黄要用新鲜鸡蛋提取,提取时,先将鸡蛋洗净,用 75％酒精消毒后,用镊子在气室端打一小孔,把蛋清倒净,然后把蛋壳剥开,倒出蛋黄,用注射器小心抽取,在稀释液消毒后,冷却到 40℃以下时加入。

(5) 抗生素的使用。抗生素用一定量的蒸馏水(计入稀释液总量)溶解,在稀释液冷却后加入。

(6) 蒸馏水。最好自行制取。

(7) 配制器具。必须进行严格的洗涤与消毒。

4. 配制稀释液的注意事项

(1) 稀释剂必须纯净,剂量准确。一般稀释剂配制要用蒸馏水,量取时用量杯按要求量取。

(2) 药品必须新鲜、无菌、无杂质、称量准确。一般配制稀释液的药品应是分析纯,用托盘天平称取。

(3) 器具必须严格清洗、消毒。不同的器具应用相应的消毒方法进行科学消毒。

(4) 尽量进行无菌操作,以减少污染。

5. 稀释精液的注意事项

(1) 稀释液最好现配现用,至少要在规定的期限内使用。

(2) 稀释环境要求无直射光照,温度以 18～25℃为宜。

(3) 稀释精液时,应将稀释液沿杯壁缓慢倒入精液瓶,不可反向操作。

(4) 稀释倍数应根据原精子的活力、密度而定。

(5) 在使用某稀释液配方时,应先试用,不可直接推广,待试用效果较好时,再进行广泛推广。

 技 能 训 练

技能训练   稀释液的配制与精液的稀释

【训练目的】通过技能训练掌握稀释液的配制方法和用稀释液稀释精液的方法。

【训练材料】

(1) 葡萄糖、鲜鸡蛋、分析纯 NaCl、青霉素、链霉素、蒸馏水等。

（2）鲜精液。

（3）量筒、量杯、烧杯、三角烧瓶、小试管、温度计、铁架台、漏斗、平皿、镊子、玻璃注射器、水浴锅、天平、显微镜、定性滤纸、脱脂棉等。

【方法与步骤】

1. 稀释液配方选择

（1）生理盐水稀释液。

NaCl	0.85g
蒸馏水	100mL
青霉素	1 000IU/mL
链霉素	1 000μg/mL

（2）葡萄糖-卵黄稀释液。

葡萄糖	5g
卵黄	10mL
青霉素	1 000IU/mL
链霉素	1 000μg/mL
蒸馏水	100mL

2. 配制方法及要求

（1）NaCl、葡萄糖的称取与溶解。用天平准确称量后，放入烧杯中，加入蒸馏水溶解后，用三角漏斗将滤液过滤到三角烧瓶中。

（2）消毒。将过滤液放入水浴锅内水浴消毒10～20min。

（3）乳粉的处理。乳粉在溶解时先加等量蒸馏水，调成糊状，再加至定量的蒸馏水，用脱脂棉过滤。

（4）卵黄的提取。卵黄要用新鲜鸡蛋提取，提取时，先将鸡蛋洗净，用75%酒精消毒后，用镊子在气室端打一小孔，把蛋清倒掉，然后把蛋壳剥开，倒出蛋黄，用注射器小心抽取，在稀释液消毒后冷却到40℃以下时加入。

（5）抗生素的使用。抗生素用一定量的蒸馏水(计入稀释液总量)溶解，在稀释液冷却后加入。

3. 稀释精液　将选用的稀释液与精液分别装入烧杯或三角烧瓶中，置于30℃的水浴锅中，用玻璃棒引流，将稀释液沿着器壁徐徐加入精液中，边加入边搅拌。稀释结束后，镜检精子活力。

任务5　精液的保存与运输

【任务目标】

知识目标

1. 了解精液各种保存方法的原理。

2. 了解精液运输的注意事项。

技能目标

掌握精液低温保存法、常温保存法及冷冻保存法。

【相关知识】

一、精液的保存

精液稀释后即进行保存，通过保存可延长精子在体外的存活时间，可实现异地使用和长时间使用，有利于发挥优良种公畜的作用，也体现人工授精的优越性。目前，精液保存方式主要有 3 种：常温保存、低温保存和冷冻保存。

（一）精液的常温保存

常温保存是在室温条件（15～25℃）下进行保存，温度允许有一定的变动，又称室温保存。常温保存较适合猪的精液保存。

1. 原理 常温保存是通过在稀释液中加入一定增酸物质，稀释精液后以增加酸度，从而降低精液的 pH 来抑制精子的代谢活动，以减少其能量及营养物质的消耗，以达到较长时间保存精液的目的。常温保存的稀释液除降低 pH 使精子代谢减慢外，还可给精子补充足够的养分，同时加入抗菌物质以抑制细菌的滋生。有的还在稀释液中加入缓冲物质以保护精子；有的加入明胶以阻止精子运动。

2. 稀释液参考配方

（1）牛精液常温保存稀释液参考配方见表 3-2-3，在 18～27℃可使精液保存 1 周左右。

表 3-2-3   牛精液常温保存稀释液

	成分	伊里尼变温稀释液①	康奈尔大学稀释液②	乙酸稀释液②③	番茄汁稀释液②④	椰汁稀释液②	蜜糖、柠檬酸钠、卵黄液②
基础液	二水柠檬酸钠（g）	2	1.45	2		2.16	2.3
	碳酸氢铵（g）	0.21	0.21				
	氯化钠（g）	0.04	0.04				
	磺乙酰胺钠（g）			0.125			
	葡萄糖（g）	0.3	0.3	0.3			
	蜜糖（mL）						1
	氨基乙酸（g）		0.937	1			
	苯丙磺胺（g）	0.3	0.3			0.3	0.3
	椰汁（mL）					15	
	番茄汁（mL）				100		
	乳清（mL）				10		
	甘油（mL）			1.25			
	蒸馏水（mL）	100	100	100	100	100	100
稀释液	基础液（%）	90	80	79	80	95	90
	2.5%乙酸（%）			1			
	卵黄（%）	10	20	20	20	5	10
	青霉素（IU/mL）	1 000	1 000	1 200		1 000	500
	双氢链霉素(μg/mL)	1 000	1 000			1 000	1 000

（续）

成分		伊里尼变温稀释液①	康奈尔大学稀释液②	乙酸稀释液②③	番茄汁稀释液②④	椰汁稀释液②	蜜糖、柠檬酸钠、卵黄液②
稀释液	硫酸链霉素（μg/mL）			1 200			
	氯霉素（%）			0.000 5			
	过氧化氢酶（IU/mL）					150	
	抗霉菌素（IU/mL）					4	

注：①充二氧化碳约 20min，使 pH 调到 6.35。二氧化碳可用气体发生器制取（盐酸＋大理石）。

②这几种稀释液都不充二氧化碳。

③稀释液配好后，充氮约 20min。

④稀释液配好后，用碳酸氢钠将 pH 调到 6.8，于 5℃ 下加 10% 甘油。

（2）猪精液常温保存稀释液参考配方见表 3-2-4，在 15～20℃ 可使精液保存 3d 左右。

表 3-2-4　猪精液常温保存稀释液

成分		葡萄糖液	葡萄糖、柠檬酸钠液	氨基乙酸卵黄液	葡萄糖、柠檬酸钠、乙二胺四乙酸液	蔗糖、乳粉液	英国变温稀释液 IVT*	葡萄糖、碳酸氢钠、卵黄液	葡-柠-碳-乙-卵黄液
基础液	二水柠檬酸钠（g）		0.5		0.3		2		0.18
	碳酸氢钠（g）						0.21	0.21	0.05
	氯化钠（g）						0.04		
	葡萄糖（g）	6	5		5		0.3	4.29	5.1
	蔗糖（mL）					6			
	氨基乙酸（g）			3					
	乙二胺四乙酸（g）				0.1				
	乳粉（g）					5			0.16
	氨苯磺胺（g）						0.3		
	蒸馏水（mL）	100	100	100	100	100	100	100	100
稀释液	基础液（%）	100	100	70	95	96	100	80	97
	卵黄（%）			30	5			20	3
	10%安钠咖（%）					4			
	青霉素（IU/mL）	1 000	1 000	1 000	1 000	1 000	1 000	1 000	500
	双氢链霉素（μg/mL）	1 000	1 000	1 000	1 000	1 000	1 000	1 000	500

* 充二氧化碳约 20min，将 pH 调到 6.35。

（3）马、绵羊精液常温保存稀释液配方见表 3-2-5，在 10～18℃ 可使精液保存 3d 左右。

表 3-2-5　马、绵羊精液常温保存稀释液配方

成分		绵羊		马		
		RH 明胶液	明胶、羊乳液	明胶、蔗糖液	葡萄糖、甘油、卵黄液	马乳液
基础液	二水柠檬酸钠（g）	3				
	蔗糖（mL）			8		
	葡萄糖（g）				7	

（续）

成分		绵羊		马		
		RH 明胶液	明胶、羊乳液	明胶、蔗糖液	葡萄糖、甘油、卵黄液	马乳液
基础液	磺胺甲基嘧啶钠（g）	0.15				
	后莫氨磺酰（g）	0.1				
	明胶（g）	10	10	7		
	羊乳（mL）		100			
	马乳（mL）					100
	蒸馏水（mL）	100		100	100	
稀释液	基础液（%）	100	100	90	97	99.2
	甘油（%）			5	2.5	
	卵黄（%）			5	0.5	0.8
	青霉素（IU/mL）	1 000	1 000	1 000	1 000	1 000
	双氢链霉素（μg/mL）	1 000	1 000	1 000	1 000	1 000

（4）其他家畜精液常温保存稀释液配方如表3-2-6所示。

表 3-2-6　其他家畜精液常温保存稀释液配方

成分		水牛	驴	山羊	兔
		葡-柠-碳-柠-卵黄液	葡-卵液	羊乳液	葡-柠液
基础液	二水柠檬酸钠（g）	0.097	7		5
	乳糖（mL）				
	乳粉（g）				
	羊乳（mL）			100	
	柠檬酸钠（g）	1.6			0.5
	碳酸氢钠（g）	0.15			
	柠檬酸钾	0.11			
	蒸馏水（mL）	100	100		100
稀释液	基础液（%）	75	99.2	100	100
	卵黄（%）	25	0.8		
	氨苯磺胺（g）		0.2		
	青霉素（IU/mL）	1 000	1 000	1 000	1 000
	双氢链霉素（μg/mL）	1 000	250	1 500	1 000

（二）精液低温保存

1. 原理　当温度从体温逐渐降低时，精子的代谢活动减慢。当温度降至
$1 \sim 5$℃，精子的代谢较弱，几乎处于休眠状态，精子的代谢降至较低水平，
代谢产物累积减少，加上低温不利于微生物的繁殖，以达到较长时间保存精
子活力的目的。

猪精液分装

2. 方法　精液进行低温保存时，应采取逐步降温的方法，并使用含卵磷脂较高的稀释液，以防精子发生冷休克（精液温度从体温急剧降至10℃以下，精子会出现不可逆失去活力的变化）。

保存精液时，将稀释后的精液按一次输精量进行分装，再包以数层纱布，最外层用塑料袋扎紧，防止水分渗入。把包好的精液放到1～5℃的低温环境中，经过1～2h，精液即降温至1～5℃。在保存过程中，要尽量维持温度的恒定，防止升温。如遇特殊情况或需进行运输，可用广口瓶。使用广口瓶时，在瓶中加适量冰块，把包装好的精液放在冰块上，盖好。保存过程中要注意定期添加冰块，如无冰块，可在冷水中加入一定量的氯化铵或尿素，也可使水温达到2～4℃。

3. 稀释液参考配方

（1）牛精液低温保存稀释液见表3-2-7。

表3-2-7　牛精液低温保存稀释液配方

	成分	柠檬酸钠、卵黄液	葡萄糖、柠檬酸钠、卵黄液	葡萄糖、氨基乙酸、卵黄液	牛乳液	葡萄糖、柠檬酸钠、乳粉、卵黄液
基础液	二水柠檬酸钠（g）	2.9	1.4			1
	碳酸氢钠（g）					
	氯化钾（g）					
	牛乳（mL）				100	
	乳粉（g）					3
	葡萄糖（g）		3	5		2
	氨基乙酸（g）			4		
	柠檬酸钠（g）					
	氨苯磺胺（g）				0.3	
	蒸馏水（mL）	100	100	100		100
稀释液	基础液（%）	75	80	70	80	80
	卵黄（%）	25	20	30	20	20
	青霉素（IU/mL）	1 000	1 000	1 000	10	1 000
	双氢链霉素（μg/mL）	1 000	1 000	1 000	10	1 000

（2）马、绵羊精液低温保存稀释液配方见表3-2-8。

表3-2-8　马与绵羊精液低温保存稀释液

	成分	马、绵羊					
		葡萄糖、柠檬酸钠、卵黄液	柠檬酸钠、氨基乙酸	乳粉、卵黄液	乳粉、葡萄糖、卵黄液	葡萄糖、酒石酸钾钠、卵黄液	马乳、卵黄液
基础液	二水柠檬酸钠（g）	2.8	2.7				
	葡萄糖（g）	0.8				5.76	
	氨基乙酸（g）		0.36				
	酒石酸钾钠（g）					0.67	

（续）

成分		马、绵羊					
		葡萄糖、柠檬酸钠、卵黄液	柠檬酸钠、氨基乙酸	乳粉、卵黄液	乳粉、葡萄糖、卵黄液	葡萄糖、酒石酸钾钠、卵黄液	马乳、卵黄液
基础液	马乳（mL）						7
	乳粉（g）			10	10		
	蒸馏水（mL）	100	100	100	100	100	100
稀释液	基础液（%）	80	100	90	92	95	95
	卵黄（%）	20		10	8	5	5
	青霉素（IU/mL）	1 000	1 000	1 000	1 000	1 000	1 000
	双氢链霉素（μg/mL）	1 000	1 000	1 000	1 000	1 000	1 000

注：马及绵羊的精液在低温保存时效果较差，尤其是绵羊的精液只能保存1d左右。

（3）其他家畜精液低温保存稀释液配方见表3-2-9。

表3-2-9　其他家畜精液低温保存稀释液配方

成分		水牛		驴		山羊		兔	
		葡-氨-卵液	葡-乳-柠-卵液	葡萄糖液	葡-卵液	葡-柠-卵液	奶粉液	葡-柠-卵液	乳-卵液
基础液	葡萄糖（g）	5	2	7	7	0.8		5	
	乳粉（g）		3				10		10
	氨基乙酸（g）	4							
	二水柠檬酸钠（g）		1			2.8		0.5	
	蒸馏水（mL）	100	100	100	100	100	100	100	100
稀释液	基础液（%）	70	80	100	99.2	80	100	95	95
	卵黄（%）	30	20		0.8	20		5	5
	青霉素（IU/mL）	1 000	1 000	1 000	1 000	1 000	1 000	1 000	1 000
	双氢链霉素（μg/mL）	1 000	1 000	1 000	1 000	1 000	1 000	1 000	1 000

（三）精液冷冻保存

精液冷冻保存主要是利用液氮（−196℃）作冷源，将精液处理后置于超低温环境下，达到长期保存的目的。

牛冷冻精液
制作流程

1. 精液冷冻保存的原理　精子在超低温下，其代谢基本停止，生命处于相对静止状态，当温度回升时，又能复苏且具有受精能力。

2. 精液冷冻技术　现阶段，牛、羊的精液冷冻保存已取得很好的效果，其他家畜的精液冷冻保存效果一般，需进行一些特殊处理，正处于探索中。精液冷冻保存技术的方法步骤如下：

（1）采精及精液品质检查。采精时要严格按操作规程进行，尽量减少污染，尽量减少导致精子畸形的因素，争取采到量多优质的精液。精液采集后，应对原精液进行一般性状、精子活力、精子密度、精子畸形率等的检查，并根据检查结果确定精液的稀释倍数。一般要求冷冻保存的精子活力不低于 0.8；猪、马、驴的精液应经过沉淀后，去掉部分上清液，再进行保存 。

（2）稀释精液。根据冻精的种类、分装剂型和稀释倍数的不同，精液的稀释方法也不尽一致，现生产中多采用一次或两次稀释法。稀释液配方见表 3-2-10 至表 3-2-13。

①一次稀释法。将含有甘油、卵黄等的稀释液按一定比例加入精液中。这种稀释方法适合于低倍稀释。如猪、马精液的冷冻保存稀释。

②两次稀释法。为避免抗冻物质（如甘油）与精子接触时间过长而造成危害，采用两次稀释法较为合理。第 1 次稀释用不含抗冻物质的稀释液（第 1 液）对精液进行最后稀释倍数的半倍稀释，然后把该精液连同第 2 液一起降温至 1～5℃，约 1h 后，进行第 2 次稀释。第 2 次用含有抗冻物质的稀释液（第 2 液）在 1～5℃下作第 2 次稀释，直到稀释到所设计的稀释倍数。这种稀释方法适合于高倍稀释，如牛、羊精液稀释。

表 3-2-10 牛精液冷冻保存的稀释液及解冻液配方

成分		乳糖、卵黄、甘油液	蔗糖、卵黄、甘油液	葡萄糖、卵黄、甘油液	葡萄糖、柠檬酸钠、卵黄、甘油液		解冻液
					Ⅰ 液	Ⅱ 液	
基础液	蔗糖（g）		12				
	乳糖（g）	11					
	葡萄糖（g）			7.5	3.0		
	二水柠檬酸钠（g）				1.4		2.9
	蒸馏水（mL）	100	100	100	100		100
稀释液	基础液（%）	75	75	75	80	86*	95
	卵黄（%）	20	20	20	20		5
	甘油（%）	5	5	5		14	
	青霉素（IU/mL）	1 000	1 000	1 000	1 000	1 000	1 000
	双氢链霉素（µg/mL）	1 000	1 000	1 000	1 000	1 000	1 000

＊取Ⅰ液 86mL 加入甘油 14mL 即为Ⅱ液。

表 3-2-11 猪精液冷冻保存的稀释液及解冻液配方

成分		葡萄糖、卵黄、甘油液	BF₅ 液	脱脂乳、卵黄、甘油液			解冻液	
				Ⅰ 液	Ⅱ 液	Ⅲ 液	BTS	葡-柠-乙液
基础液	葡萄糖（g）	8	3.2				3.7	5
	蔗糖（mL）				11	11		
	脱脂乳（g）			100				
	二水柠檬酸钠（g）						0.6	0.3
	乙二胺四乙酸钠（g）						0.125	0.1
	碳酸氢钠（g）						0.125	
	氯化钠（g）						0.075	
	TRIS（g）		0.2					
	TES（g）		1.2					
	ORVUS ES（mL）		0.5					
	蒸馏水（mL）	100	100	100	100	100	100	100

（续）

	成分	葡萄糖、卵黄、甘油液	BF$_5$液	脱脂乳、卵黄、甘油液			解冻液	
				Ⅰ液	Ⅱ液	Ⅲ液	BTS	葡-柠-乙液
稀释液	基础液（%）	77	79	100	80	78		
	卵黄（%）	20	20		20	20		
	甘油（%）	3	1			2		
	青霉素（IU/mL）	1 000	1 000	1 000	1 000	1 000		
	双氢链霉素（μg/mL）	1 000	1 000	1 000	1 000	1 000		

注：用脱脂乳、卵黄、甘油液需进行3次稀释，Ⅰ液、Ⅱ液、Ⅲ液分别为第1次、第2次、第3次稀释液。

表 3-2-12　马、绵羊精液冷冻保存稀释液及解冻液配方

	成分	马			绵羊		
		乳糖、卵黄、甘油液	乳-乙-柠-碳-卵-甘油液	解冻液	乳糖、卵黄、甘油液	葡-乳-卵-甘油液	解冻液
基础液	葡萄糖（g）					3.25	
	乳糖（g）	11	11		10	8.25	
	乳粉（g）			3.4			
	蔗糖（g）		6				
	乙二胺四乙酸钠（g）		0.1				
	柠檬酸钠（g）						2.9
	3.5%柠檬酸钠（g）		0.25				
	4.5%碳酸氢钠（g）		0.2				
	蒸馏水（mL）	100	100	100	100	100	100
稀释液	基础液（%）	95.4	94.5		71.5	75	
	卵黄（%）	0.8	1.6～2		25	20	
	甘油（%）	3.8	3.8		3.5	5	
	青霉素（IU/mL）	1 000	1 000	1 000	1 000	1 000	
	双氢链霉素（μg/mL）	1 000	1 000	1 000	1 000	1 000	

表 3-2-13　其他家畜精液冷冻保存稀释液配方

	成分	水牛			驴	山羊			兔		
		乳果-卵-甘油液	葡卵-甘油液	解冻液	蔗-卵-甘油液	果-乳-卵-甘油液		葡-柠-T-卵-甘油液	葡-T-卵-甘油液		蔗-乳-卵-甘油液
						Ⅰ液	Ⅱ液		Ⅰ液	Ⅱ液	
基础液	果糖（g）	1.4				1.5					
	葡萄糖（g）		10	5				1.0	1.05	1.05	
	蔗糖（g）				10						5
	乳糖（g）					10.5					5
	脱脂鲜乳（mL）	82		0.5							
	一水柠檬酸钠（g）							1.34			

（续）

成分		水牛			驴	山羊			兔		
		乳果-卵-甘油液	葡-卵-甘油液	解冻液	蔗-卵-甘油液	果-乳-卵-甘油液		葡-柠-T-卵-甘油液	葡-T-卵-甘油液		蔗-乳-卵-甘油液
						I液	II液		I液	II液	
基础液	Tris（g）							2.24	2.52	2.52	
	蒸馏水（mL）		100	100	100	100		100	100	100	100
稀释液	基础液（%）	82	75		90	80	93*	82	75	79	74
	卵黄（%）	10	20		5	20		10	16	16	20
	甘油（%）	8	5		5		7	8		5	6
	DMSO（%）							9			
	青霉素（IU/mL）	1 000	1 000		1 000	1 000	1 000	1 000	1 000	1 000	
	双氢链霉素（μg/mL）	1 000	1 000		1 000	1 000	1 000	1 000	1 000	1 000	

＊取 I 液 93mL 加入甘油 7mL 即为 II 液。

（3）降温与平衡。精液从 30℃降温至 1~5℃，需经 1~2h，以防冷休克地发生。"平衡"即指降温后把稀释后的精液放置在 1~5℃的环境中停留 2~4h，使抗冻物质（如甘油）充分渗入精子内部，起到膜内保护剂的作用。

（4）精液的分装。目前冷冻精液常采用颗粒、细管等分装方法。

①颗粒冻精。将稀释、平衡后的精液按 0.1mL/粒滴在经液氮致冷的金属网板、铝板或塑料板上制成冷冻颗粒。颗粒冻精具有成本低、制作方便等优点，但不易标记，解冻麻烦，易受污染。

②细管冻精。将稀释、平衡后的精液经细管冻精制作器分装到特制的塑料细管中，然后置于装有液氮的容器中进行冷冻前过渡（5min 左右）。细管有 0.25mL、0.5mL 和 1.0mL 3 种剂型，生产中牛、羊的冻精多用 0.25mL 剂型。细管冻精具有不受污染、容易标记、易贮存、适于机械化生产等特点，是目前最理想的剂型。

（5）冷冻保存。现主要使用液氮作冷源进行保存。

①颗粒冻精的保存。将已制作的颗粒冻精在制作容器中预冷几分钟，当精液颗粒充分冻结、颜色变浅发亮时，用小铲轻轻铲下颗粒冻精，按 50~100 粒/袋装入纱布袋中，用线一端捆扎布袋，一端拴系标记布片，并在标记布片上进行标记后，将颗粒冻精沉入液氮进行保存。

②细管冻精的保存。将冷冻过渡后的比较稳定的精液取出，按 50~200 支/袋用布袋装好后置于液氮中进行保存。这种方法启动温度低，冷冻效果好。

3. 液氮及其容器 目前，冻精保存普遍采用液氮作冷源，以液氮罐为容器贮存和分发冻精。

（1）液氮及其特性。液氮是氮气经分离、压缩形成的一种无色、无味、无毒的液体，沸点温度为 -195.8℃。在常温下，液氮沸腾，吸收空气中的水气形成白色烟雾。液氮具有很强的挥发性，当温度升至 18℃时，其体积可膨胀 680 倍。此外，液氮是不活泼的液体，渗透性差，无杀菌能力。

针对液氮的上述特性，使用时要注意防止冻伤、喷溅、窒息等，用氮量大时，保存液氮的房间要保持空气通畅，防止升温。

（2）液氮容器。包括开放式（常压）与密闭式（耐压）两种类型。前者专门用于保存冻精（图 3-2-8），后者用于贮存和运输液氮。

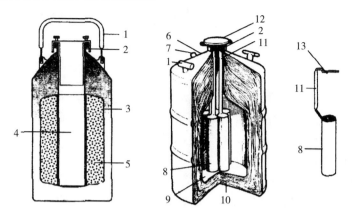

1. 把手　2. 颈管　3. 真空绝热层　4. 冷冻贮存区　5. 吸附剂（活性炭）　6. 外壳
7. 真空嘴　8. 提筒　9. 内壳　10. 复合绝热层　11. 绝热杆　12. 盖塞　13. 手柄

图 3-2-8　液氮容器结构

（朱士恩，2009. 家畜繁殖学）

（3）液氮罐的结构。冷冻精液一般用开放式专用液氮罐，其型号较多，但其结构基本相同。

①罐壁。由内外两层构成，一般由坚固的合金制成。

②夹层。指内外壳之间的空隙。为增加液氮罐的保温性，要求抽成真空。在夹层中装有活性炭、硅胶及镀铝涤纶薄膜等，以吸收漏入夹层的空气，并增加绝热性。

液氮罐结构

③罐颈。由高热阻材料制成，是连接罐体和罐壁的部分，较坚固。

④罐塞。由绝热性好的塑料制成，有固定提筒手柄和防止液氮过度挥发的作用。

⑤提筒。是存放冻精的装置。提筒的手柄由绝热性能良好的塑料制成，既能防止温度向液氮传导，又能避免取冻精时冻伤。提筒的底部有多个小孔，以便液氮渗入其中。

液氮罐在使用中要防止撞击、倾倒，定期刷洗保养。为保证贮精效果，要定期检查液氮的消耗情况，当液氮减少 2/3 时，需及时补充。

4. 冻精解冻　使用冻精进行输精前，必须对冻精进行解冻，且要检查精子的活力情况，只有活力不低于 0.3 时，方可用于配种。

（1）细管冻精的解冻。有温水（30～40℃）解冻法和室温解冻法两种。温水解冻时，将细管冻精投放在 30～40℃ 温水中，待冻精一半融化、细管颜色开始发生变化时即可取出备用。室温解冻则取适量蒸馏水置于操作室内，数分钟后，将细管冻精投放在其中，待冻精一半融化、细管颜色开始发生变化即可取出备用。实践证明，室温解冻法效果相对较好。

（2）颗粒冻精解冻。解冻时需要预先准备解冻液，牛的颗粒冻精解冻液常用 2.9% 柠檬酸钠液。解冻方法有湿解法与干解法两种。

①湿解法。解冻时取一小试管，加入 1mL 解冻液，放在盛有 37～40℃ 温水的烧杯中（或水浴锅中），当与水温相同时，取一粒冻精于小试管内，轻轻摇晃使冻精融化，当即将融化完时，取出装入输精枪待用。

②干解法。解冻时取一小试管，放在盛有 37~40℃温水的烧杯中（或水浴锅中），当与水温相同时，取一粒冻精于小试管内，当冻精即将完全溶化时，加入 1mL 解冻液，待冻精完全溶化后，取出装枪待用。

二、精液的运输

精液的运输有远有近，要根据不同的距离、不同的运输量，采用适当的运输工具与运输方法。一般远距离运输及运输量较大时，应用专用车辆、专用液氮罐进行运输，近距离运输则可用广口瓶装入液氮后进行运输，或者将冻精解冻后在低温保存状态下进行运输。运输时，要注意以下几个问题：

（1）运输时应将装运冻精的容器拴系牢靠，四周最好用柔软材料铺塞。

（2）运输过程中要防止颠簸与振荡，要避免阳光照射或与热源接触，防止升温。

（3）要尽量缩短运输时间。

（4）运输过程中要随时注意检查液氮情况及运输容器的安全状态。

技 能 训 练

技能训练　颗粒冻精的制作、保存与解冻

【训练目的】通过技能训练，了解颗粒冻精的制作方法、保存方法及解冻方法。

【训练材料】

（1）家畜精液（以牛为例）。

（2）葡萄糖、鸡蛋、甘油、青霉素、链霉素、蒸馏水、75%酒精、柠檬酸钠等。

（3）液氮罐、液氮桶、保温瓶、滴管、烧杯、三角烧瓶、温度计、塑料细管、漏斗、天平、显微镜、镊子、氟板、量杯、量筒、纱布、棉花、盖玻片、载玻片等。

【方法与步骤】

1. 稀释液配制

（1）配方。

基础液：葡萄糖 7.5g、蒸馏水 100mL。

稀释液：基础液 75mL、卵黄 20mL、甘油 5mL、青霉素 1 000IU/mL、链霉素 1 000μg/mL。

（2）配制方法。首先配制葡萄糖溶液，过滤后在水浴锅内消毒 10~20min，冷却后加入卵黄、甘油和抗生素，充分混合均匀。

（3）解冻液的配制。柠檬酸钠 2.9g、蒸馏水 100mL，配制后煮沸消毒备用。

2. 稀释　取新鲜精液，用等温的稀释液作 5~6 倍稀释，保证每次输精量中有效精子数不少于 1 500 万个。

3. 平衡　把稀释后的精液防在 1~5℃的冰箱或保温瓶中，停留 2~4h，使甘油充分渗入精子内部，起到抗冻作用。

4. 冻结

（1）滴冻设备。用液氮桶或广口瓶盛上 4/5 左右液氮，在距液氮面 1~3cm 处放置铜纱网或在液氮面上放一氟板，待降温后备用。

（2）冻精滴冻。用滴管将平衡后的精液滴在冷冻板上，1mL 精液均匀地滴成 10 粒，每个颗粒的体积为 0.1mL。

（3）冻结过渡。当颗粒冻精的颜色由黄变白时，用木铲铲下颗粒冻精，按每袋 50～100 粒装入纱布袋或塑料圆筒中，然后抽样解冻后进行活力检查，用白胶布进行标签（标签上注明粒数、生产日期、精子活力、公畜的品种等），并沉入液氮进行保存前过渡。

5. 保存 将过渡好的颗粒冻精快速从过渡液氮中转入提筒内，置于保存液氮罐中进行保存。

6. 颗粒冻精的解冻

（1）湿解法解冻。在烧杯中盛满 37～40℃ 的温水或将水浴锅的温度调节到 37～40℃，用 1mL 解冻液（2.9％柠檬酸钠）将小试管进行冲洗后，再把 1mL 解冻液放入试管内，置于烧杯中或水浴锅中，当解冻液与水温相近时，用镊子夹一粒冻精放在小试管中，轻轻摇荡，当冻精即将融化完全时取出进行检查或装枪待用。

（2）干解法解冻。解冻时取一小试管，用 1mL 解冻液进行冲洗，然后放在盛有 37～40℃ 温水的烧杯中（或水浴锅中），当与水温相同时，用镊子取一粒冻精于小试管内，当冻精即将完全融化时，加入 1mL 解冻液，待冻精完全融化后，取出装枪待用或用于品质检查。

【注意事项】

（1）用于制作冻精的鲜精液，其精子活力应在 0.8 以上。

（2）如对精子密度较小的精液进行冷冻保存，制作冻精时应取其浓份。

（3）冻精解冻后其精子活力在 0.3 以上为合格。

自 我 测 试

一、名词解释

1. 精子活力　2. 精子密度　3. 精液稀释　4. 假阴道　5. 精液的平衡

二、填空题

1. 精子最脆弱的部分是_____。

2. 精子的运动有_____、_____、_____ 3 种方式，其中以_____ 方式的精子为有效精子。

3. 影响精子生存的外界因素有_____、_____、_____、_____ 等方面。

4. 常用的采精方法有_____、_____、_____ 等。

5. 采取公猪精液应用最广泛的方法是_____。

6. 假阴道采精的内腔温度应在_____ 为宜。

7. 精液的保存方法有_____、_____、_____ 3 种，分别的保存温度为_____、_____、_____。

8. 目前生产中牛羊的冻精多用_____mL 剂型。

9. 细管精液解冻，可直接投入_____ 中，待其内精液融化一半时，即可取出备用。

10. 颗粒冻精的解冻方法有_____ 和_____。

三、选择题

1. 在精液冷冻过程中，添加 DMSO 的作用是（　　）。

　　A. 抗菌　　　　　　　B. 提供营养　　　　　C. 抗冻　　　　　　　D. 缓冲

2. 精子在有氧的条件下，其代谢方式是（　　）。

　　A. 果糖分解作用　　　B. 呼吸作用　　　　　C. 葡萄糖分解作用　　D. 以上均对

3. 下列（　　）家畜的假阴道外壳为一端较粗，另一端较细。

　　A. 牛　　　　　　　　B. 猪　　　　　　　　C. 羊　　　　　　　　D. 马

4. 假阴道安装好后内腔的温度应在（　　）℃为宜。

　　A. 25　　　　　　　　B. 50～60　　　　　　C. 38～40　　　　　　D. 30～32

5. 精液稀释时为防止 pH 变化，可在稀释液中加（　　）缓冲剂。

　　A. 磷酸氢二钠　　　　B. 甘油　　　　　　　C. DMSO　　　　　　D. 糖类

6. 精液量的多少主要取决于（　　）分泌物的多少。

　　A. 副性腺　　　　　　B. 附睾　　　　　　　C. 输精管　　　　　　D. 以上都不对

7. 进行猪精液活力检查时，精液的温度应保持在（　　）。

　　A. 18～25℃　　　　　B. 37～38℃　　　　　C. 39～40℃　　　　　D. 28～30℃

8. 精子在无氧的条件下，其代谢方式是（　　）。

　　A. 果糖分解作用　　　B. 呼吸作用　　　　　C. 葡萄糖分解作用　　D. 以上均对

9. 精液冷冻的方法中较为理想的方法是（　　）。

　　A. 颗粒冷冻　　　　　B. 安瓿冷冻　　　　　C. 细管冷冻　　　　　D. 三种都是

10. 下列家畜中射精量最大的是（　　）。

　　A. 牛　　　　　　　　B. 羊　　　　　　　　C. 猪　　　　　　　　D. 马

11. 用估测法测定精子密度时，视野中布满精子，精子空隙小，单个精子看不清，可评定为（　　）。

　　A. 密　　　　　　　　B. 中　　　　　　　　C. 稀　　　　　　　　D. 不确定

12. 牛的一次采精量一般为（　　）mL。

　　A. 5～10　　　　　　　B. 约 1　　　　　　　C. 30～100　　　　　　D. 150～300

13. 下列家畜中适宜徒手法采精是（　　）。

　　A. 牛　　　　　　　　B. 羊　　　　　　　　C. 猪　　　　　　　　D. 马

14. 表现精子活力最强的运动方式是（　　）。

　　A. 前进运动　　　　　B. 旋转运动　　　　　C. 摆动运动　　　　　D. 休眠状态

15. 精子主要代谢的基质是（　　）。

　　A. 葡萄糖　　　　　　B. 果糖　　　　　　　C. 乳糖　　　　　　　D. 多糖

16. 液氮的沸点为（　　）。

　　A. −79℃　　　　　　B. −196℃　　　　　　C. −70℃　　　　　　D. −149℃

17. 常温保存特别适用于（　　）全份精液的保存。

　　A. 猪　　　　　　　　B. 羊　　　　　　　　C. 马　　　　　　　　D. 牛

18. 一次射精量最小的家畜是（　　）。

　　A. 猪　　　　　　　　B. 马　　　　　　　　C. 牛　　　　　　　　D. 羊

19. 精子密度最大的家畜是（　　）。

　　　　A. 猪　　　　　　　B. 马　　　　　　　C. 牛　　　　　　　D. 羊
20. 在（　　）性环境下，精子的代谢和活力都减弱。
　　　　A. 弱酸　　　　　　B. 弱碱　　　　　　C. 中　　　　　　　D. 强酸

四、判断题

（　　）1. 冷冻精液要在解冻后镜检精子活力低于 0.5，方可输精。

（　　）2. 正常家畜的精液呈淡黄色。

（　　）3. 在配制卵黄稀释液时，应先将卵黄加入稀释液中，再消毒。

（　　）4. 保存精液时，应避免日光照射。

（　　）5. 液氮有杀菌作用，在 -196℃ 的超低温条件下所有的微生物不能存活。

（　　）6. 因人工授精需对器械严格消毒，所以消毒液对精子无害。

（　　）7. 低渗透压易使精子脱水死亡。

（　　）8. 辐射对精子是无害的，可用于精液的消毒。

（　　）9. 生理盐水与精子是等渗的，故精子可在生理盐水中维持较长时间的活力。

（　　）10. 精子冷休克是不可逆的。

（　　）11. 有活动能力的精子，就有受精力。

（　　）12. 酸性环境可抑制精子的代谢，精液保存时，pH 越低越好。

（　　）13. 牛、羊精液的云雾状越明显，表明精子活力、密度越高。

（　　）14. 公羊在繁殖季节，每周采精频率不应超过 3 次。

（　　）15. 因为精子对温度变化十分敏感，所以在稀释精液时，要把精液温度调节到与稀释液温度相同。

五、简答题

1. 简述精清的化学组成及功能。

2. 简述影响精子生存的外界因素。

3. 采精前应做好哪些准备工作？

4. 简要回答安装假阴道的程序。

5. 试述精液稀释液的主要成分及作用。

项目三

家畜的输精技术

【项目任务】

　　1. 掌握各种家畜的输精时间及次数。

　　2. 掌握各种家畜的输精方法。

任务　家畜的输精

【任务目标】

知识目标

1. 能熟练地进行输精器械的识别、安装与调试。

2. 能较好地确定各种家畜的输精时间与输精次数。

技能目标

能掌握各种家畜的输精的基本方法。

【相关知识】

　　要获得较好的配种效果，提高母畜的受胎率，必须做好相关的准备工作，并准确地把握最佳的输精时间，采用最好的输精方法和恰当的输精次数。

一、输精前的准备

　　1. 母畜的准备　对拟配种的母畜，要按前述发情鉴定的方法进行发情鉴定，以确定最佳的输精时间。经发情鉴定，对适宜配种的母畜，需保定的要进行保定，有的不需保定栏保定，可由助手进行保定。母畜保定后，将尾巴拉向一侧，可用 0.3% 高锰酸钾溶液对外阴部进行消毒，然后用清水进行清洗后擦干。

　　2. 器械的准备　输精器械主要有输精枪或输精管、开膣器等。除一次性输精枪或输精管可按使用说明直接使用外，对可重复使用的输精器械应彻底洗净后进行严格消毒。消毒后的输精枪或输精管，如为直接吸取精液的，在用于输配之前最好要用稀释液冲洗 1~2 次后使用。最好选用一次性输精器或配有一次性外套的输精器。

　　3. 精液的准备

　　(1) 常温保存的精液一般可直接吸取使用，如在寒冷季节应注意保温。

精液准备

（2）低温保存的精液需轻轻摇荡后，放入室温环境，使其升温至室温后，镜检精子活力不低于 0.6 时方可用于输精。

（3）冷冻精液要按解冻方法解冻后，检查精子活力不低于 0.3 时可用于输精。

4. 人员的准备 输精人员应穿好工作服，剪短、磨光指甲，将手臂进行清洗、消毒。需将手伸入阴道或直肠时，手臂还应涂上润滑剂或套上一次性胶手套。

二、输精的基本要求

掌握最佳的输精时间及输精次数是提高受胎率的重要环节，不同动物的输精时间、输精次数稍有不同，而使用不同保存方法的精液的输精量差别较大。

1. 输精时间与输精次数 母畜的输精时间是根据母畜的排卵时间、卵子保存受精能力的时间、精子在母畜生殖道内保持受精能力的时间及精子获能等因素确定的。为了提高受胎率，一般对发情母畜采用两次输精法，个别家畜甚至采用三次输精法。

（1）牛的输精时间及次数。母牛的最佳配种时间为：发情母牛的阴户开始萎缩、阴门流出的黏液呈乳白色，能拉成丝状，愿意接受公牛爬跨，阴道潮红明显，直肠检查卵泡发育至第 3 期。黄牛发情持续期一般为 1～1.5d，一般第 1 次输精时间在母牛发情后 8～10h，隔 8～12h 后进行第 2 次输精；水牛发情持续时间一般为 1～2d，配种时间可在其发情后 10～12h，隔 8～12h 后进行第 2 次输精。

生产实践中，一般母牛早上发情，当日下午或傍晚第 1 次输精，次日早晨第 2 次输精；下午或晚上发情，次日早晨进行第 1 次输精，次日下午或傍晚第 2 次输精。初配母牛发情持续期稍长，通常在发情后 20h 左右开始输精。

在第 2 次输精前，最好检查一下卵泡，如母牛已排卵，一般不必输精。

（2）猪的输精时间及次数。母猪的输精时间一般在其外阴从红肿状态开始萎缩、阴门流出乳白色黏液，出现"静立反射"时输精其受胎率较高。实践中，在母猪发情后的 20～30h 内输精或发情盛期过后出现"静立反射"时输精具有较高的受胎率。不同年龄的母猪排卵时间差异较大，要根据情况作适当的调整，即"老配早，小配迟，不老不小配中间"；有的培育猪种及引进猪种发情时外部表现不是很明显，发情鉴定时要更加仔细。

（3）羊的输精时间及次数。母羊的输精时间应根据试情情况来确定。早上发情下午进行第 1 次输精，隔 8～12h 进行第 2 次输精；下午发情，次日早上进行第 1 次输精，隔 8～12h 进行第 2 次输精。

（4）马（驴）的输精时间及次数。根据母马（驴）的卵泡发育情况来判定。母马（驴）的卵泡发育可分为 7 个时期，一般按"三期酌配、四期必输、排后灵活追补"的原则安排输精时间。实践中采用隔日输配 1 次，根据情况输配 2～3 次，即第 1 天发情，第 2 天、第 4 天甚至第 6 天各输配 1 次。

（5）兔的输精时间及次数。因兔属诱发性排卵动物，所以兔一般在诱发排卵后 2～6h 进行配种。

（6）犬的配种时间及次数。犬的最佳配种时间一般为排卵前 1.5d 到排卵后 4.5d，即母犬发情后 10～16d。生产实践中，一般在母犬发情后，在阴门流出血样黏液的第 9～11 天进行首次交配，间隔 1～3d 再次配种，效果较好。初产母犬第 1 次配种可在发情后 11～13d 进行，过 1～2d 后再配一次。

（7）猫的交配时间及次数。猫的交配一般在光线较暗、安静的地方进行，大多在夜间。交配期平均 2～3d。由于猫的配种现一般均为本交，交配时间以发情母猫愿意接受雄猫爬跨为准。母猫 1d 可以进行多次交配，通常由母猫决定终止时间。

2. 输精量及输精部位

输精量根据精液的保存方法及精子的活力来确定，输精部位根据不同家畜而定。各种家畜的输精要求（表 3-3-1）。

表 3-3-1　各种家畜的输精要求

	牛、水牛		马、驴		猪		绵羊、山羊		兔	
	液态	冷冻	液态	冷冻	液态	冷冻	液态	冷冻	液态	冷冻
输精量（mL）	1～2	0.2～1.0	15～30	30～40	30～40	20～30	0.05～0.1	0.1～0.2	0.2～0.5	0.2～0.5
输入有效精子（亿个）	0.3～0.5	0.1～0.2	2.5～5	1.5～3	20～50	10～20	0.5	0.3～0.5	0.2～0.3	0.15～0.3
适宜的输精时间	发情后 10～20h 或排卵前 10～20h		卵泡发育的 4～5 期，或发情后的第 2、4、6 天进行		发情后 10～30h 或出现"静立反射"时输配		发情后 10～36h 输配		诱发排卵后 2～6h	
输精次数	1～2		1～3		1～2		1～2		1～2	
输精部位	子宫颈深部或子宫体		子宫内		子宫内		子宫颈		子宫内	
输精间隔时间（h）	8～10		24～48		12～18		8～10		8～10	

注：驴的输精量可比马稍小。

三、输精方法

直肠把握子宫颈输精法

1. 母牛的输精方法　母牛最好的输精方法是直肠把握子宫颈输精法（深部输精法），如果不能较好地掌握直肠把握子宫颈输精法，也可用开膣器打开阴道，找到子宫颈口，进行浅部输精，但成功率相对较低。

（1）直肠把握子宫颈输精法，又名深部输精法（图 3-3-1）。将一只手伸入直肠内，半握状将子宫颈固定，另一手持输精器，先斜上方伸入阴道内进入 5～10cm 后，再水平插入到子宫颈口，两手协同配合，把输精器伸入子宫颈的 3～5 个皱褶处或子宫体内，慢慢注入精液。如能判断是哪一侧卵巢排卵，最好能将精液输入到该侧子宫角的基部。

此法的优点是输精部位深，精液不易倒流，受胎率高；用具少而简单。但该方法对技术员要求较高，必须反复操作和认真体会才能较好地掌握。

（2）开膣器输精法（浅部输精法）。一手持

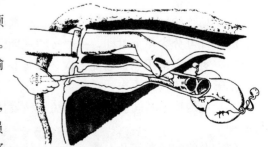

图 3-3-1　牛的直肠把握子宫颈输精法
（黄功俊，1999. 家畜繁殖）

开膣器（或阴道扩张筒），打开母牛阴道，借助光源找到子宫颈口，另一只手将吸有精液的输精器伸入子宫颈 1～2 皱褶处（2～3cm），慢慢注入精液。此法相对较简单，容易掌握。但输精部位较浅，精液容易倒流，故受胎率相对较低；另外，此法容易损伤母牛的阴道黏膜，输精不方便，建议尽量采用深部输精法进行输精。

开膣器
输精法

2. 母猪的输精方法（图 3-3-2）

（1）多次用输精管输精器输精。母猪的阴道部和子宫部界限不明显，输精管较容易插入。输精时，把输精管用稀释液（一般为 0.9％生理盐水）冲洗后，立即插入阴道内，先向斜上方插入 3～5cm，然后向前插入，边插入边旋转将输精管插入子宫颈内，当母猪没有努责，输精管不能继续插入时，说明插入到了输精部位，此时将输精管稍向后拉出一小点（防前口被阻塞），接上输精器，缓缓注入精液。

母猪输精

（2）一次用输精器输精。使用一次性输精器时，要检查密封是否完好，是否受到污染。输精前，先将精液注入精液瓶中，并插入一枚注射针头；将输精管插入母猪的子宫颈内，插到位后，把输精管后端抬高，装上精液瓶，让精液自动流入子宫颈内，必要时，可适当加压把精液输入。建议尽量使用本法进行猪的输精。

3. 母羊的输精（图 3-3-3） 绵羊和山羊都采用开膣器输精法或内窥镜输精法。其操作与牛相同。由于羊的体型较小，为了工作方便，提高效率，可制作能升降的输精台架或在输精架后设置一凹坑。也可由助手倒提母羊，将其保定后，由输精员进行输精操作。输精枪一般插入子宫颈口内 0.5～1cm 较合适。

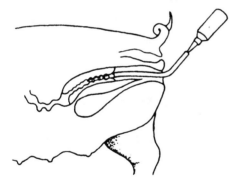

图 3-3-2 猪的输精
（黄功俊，1999. 家畜繁殖）

图 3-3-3 羊的输精
（黄功俊，1999. 家畜繁殖）

4. 母马（驴）的输精

首先在操作台上把吸有精液的注射器安装在输精管上，一只手握住注射器与胶管的接合部，使胶管尖端始终高于精液面。术者站在母马后方，用另一只手提起输精管伸入母马阴道内，找到子宫颈的阴道部，用中指和食指扩开子宫颈口，把胶管导入子宫内 5～10cm，提起注射器并推压活塞使精液慢慢注入。

犬和猫的配种大多采用本交方式进行。

不管是给哪种家畜输精，输精完毕后，应在其腰荐结合处或臀部拍 1～2 掌，刺激母畜生殖道的收缩，以防止或减少精液倒流，并加速精子向受精部位运输。

技能训练一　输精器械的识别与安装

【训练目的】通过技能训练，能准确识别各种家畜的输精器械，并能进行正确的安装与调试。

【训练材料】牛、羊开膣器，输精器，输精管，保定栏，卡苏枪，注射器，水盆，毛巾，肥皂，工作服，纱布，75％酒精棉球，液态石蜡，肥皂，精液等。

【方法与步骤】

1. 牛、羊的输精器　牛的输精器分为液态精液输精器和细管精液输精器。

（1）液态精液输精器。这类输精器用于液态精液的输精，如鲜精、常温及低温保存的精液、颗粒冻精等。有输精针式输精器和玻璃输精器。输精针式输精器由输精针与注射器组成。分牛用型和羊用型，牛用型比羊用型稍长。玻璃输精器则是一支由玻璃制成的整体，分枪体部分和输精器部分，输精器部分相当于一个注射器，也分牛用型与羊用型。牛用型比羊用型稍长、稍大。目前玻璃输精器使用已较少。

（2）细管精液输精器。一般均用不锈钢制成，包括输精头套（又称为嘴管）、输精枪套管、推杆等部分，其型号较多，以配有一次性塑料外套的输精器最好。

2. 马的输精器　马的输精器一般由一个注射器与一条橡胶导管组成。

3. 猪用输精器　猪的输精器当前主要有两种，一种为输精管式输精器，另一种为一次性输精器。输精管式输精器由一条硬橡胶输精软管与一个注射器组成，这种输精器可反复使用。一次性输精器由一条输精管与一个输精瓶组成。

技能训练二　母猪及母马的输精

【训练目的】通过技能训练，掌握母猪与母马输精器械的使用方法及输精方法。

【训练材料】

（1）开膣器（大号型）、阴道扩张筒、马用液态精液输精器及输精管、猪用输精器及输精管、液态精液、保定栏。

（2）75％酒精棉球、液态石蜡、肥皂、0.3％高锰酸钾溶液等。

【方法与步骤】

1. 输精前的准备

（1）输精器械的洗涤与消毒。在输精前，所有器械均严格进行清洗与消毒。金属开膣器可用火焰消毒或75％酒精棉球擦拭消毒；塑料及橡胶器材可用75％酒精棉球消毒，再用稀释液冲洗一遍；玻璃注射器、输精管等可用蒸汽法消毒。

（2）母畜的准备。经发情鉴定，确认母畜已到最佳输精时间后，将其尾巴拉向一侧（母马应在保定栏内进行保定），清洗外阴部，再用0.3％高锰酸钾溶液进行消毒，用清洁水进行冲洗，最后抹干待配。清洗、消毒时从阴户向周围进行。

（3）精液准备。马与猪的精液一般用液态精液进行配种，如使用鲜精输精，精子活力应不低于0.8；低温保存的精液，需升温到35℃左右，镜检精子活力不低于0.5；冷冻精液要按要求进行解冻，解冻后精子活力在0.3以上。将精液吸入输精器备用。

（4）输精员的准备。输精员应穿好操作服，指甲剪短磨光，手臂清洗消毒。

2. 输精操作

（1）母猪的输精。输精前用少许稀释液将输精胶管进行冲洗，将猪尾提起，用一只手的拇指与食指打开阴户，另一只手将输精管先斜向上方插入阴道3～5cm，再平直伸入，插入时，边插入边进行半旋转，当遇到阻力时，可回拉一点输精管，再行插入。如确定已进入子宫颈深部，装上吸有精液的输精器（瓶），稍抬高，慢慢注入精液。精液注入完毕后，缓慢抽出输精管，再用力在母猪背部压一下、臀部拍一下，或将后肢提起让母猪后蹬两下，以促进精液向受精方向输送。

（2）马的输精。将马尾用纱布缠好并拉向一侧，把吸有精液的输精器安装在输精管后端，输精员一手握住注射器，另一只手中指与食指夹住输精管的尖端呈锥状，伸入母马阴道内，触摸到子宫颈，扩开子宫颈外口，把输精胶管导入子宫内5～10cm，提起输精器并慢慢加压，使精液注入。输精器内的精液排尽后，将其从胶管上拔下，吸一段空气，再重新装上推入，使胶管内残留的精液排尽。输精结束后，缓慢抽出输精管，用手指轻捏子宫颈，使之闭合，以防精液倒流。同时缓慢将手取出，取出后，在马的背部或臀部猛拍一下，促使精液向受精方向运输。

【注意事项】

（1）插入输精管时，输精器要低于输精管，防止精液自流到非输精部位。

（2）对马输精时要注意安全，防止被母马踢伤。

（3）对猪输精时，要防止将输精管插入输尿管。输精后，不让猪剧烈运动，否则，不利于精液的运输。

技能训练三　母牛及母羊的输精

【训练目的】通过技能训练，掌握母牛与母羊输精器械的使用方法及输精方法。

【训练材料】

（1）开腟器（大号型、中号型）、阴道扩张筒、牛用液态精液输精器、牛用细管精液输精器、羊用细管精液输精器、保定栏。

（2）液态精液、细管冻精、75%酒精棉球、液态石蜡、肥皂、0.3%高锰酸钾溶液等。

【方法与步骤】

1. 输精前的准备

（1）输精器械的洗涤与消毒。在输精前，所有器械均严格进行清洗与消毒。金属开腟器可用火焰消毒或75%酒精棉球擦拭消毒；塑料及橡胶器材可用75%酒精棉球消毒，再用稀释液冲洗一遍；玻璃注射器、输精管等可用蒸汽消毒法消毒。

（2）母畜的准备。经发情鉴定，确认母畜已到最佳输精时间后，将母畜牵至保定栏内进行保定（羊可由助手进行保定），将其尾巴拉向一侧，清洗外阴部，再用0.3%高锰酸钾溶液进行消毒和用清水进行冲洗，最后抹干待配。清洗、消毒时从阴户向周围进行清洗。

（3）精液准备。牛与羊的精液一般用细管冻精进行配种，也有使用液态精液进行输精的（如颗粒冻）。如使用鲜精输精，精子活力不低于 0.8；低温保存的精液，需升温到 30℃ 左右，精子活力不低于 0.6；冷冻精液要按要求进行解冻，解冻后精子活力在 0.3 以上。将细管冻精装入专用输精枪备用；将液态精液吸入输精器备用。

（4）输精员的准备。输精员应穿好操作服，将指甲剪短、磨光，手臂清洗消毒。

2. 输精操作

（1）母牛的输精。

①直肠把握子宫颈深部输精法。将母牛保定后，输精员将一只手清洗并用液状石蜡或肥皂水进行润滑，五指并拢呈锥状，伸入直肠，排出宿粪，在骨盆腔底部找到并把握住子宫颈，另一手持输精枪（针），先斜上方插入阴道内 5～10cm 后再平直插入阴道，到达子宫颈外口时，两手协同配合，把输精枪（针）插入子宫颈的深部或子宫体内，稍后拉一点后，慢慢注入精液。输精完毕后，慢慢抽出输精枪（针），然后在其背部或臀部拍一下，促使精液向受精方向运输。

②浅部输精法。把消毒后的开膛器或阴道扩张筒用 38～40℃ 的温水水浴加温后，涂以少量的润滑剂。一手持开膛器，伸入阴道内，用额灯或手电筒作光源，找到子宫颈口，另一只手将吸有精液的输精枪（针）伸入到子宫颈 1～2 皱褶处，缓缓推入精液。输精完毕后，慢慢抽出输精枪（针），半闭合开膛器，轻轻撤出，在母牛背部按压或拍一下，促使精液向受精方向运输。

（2）羊的输精。羊的输精采用阴道开膛器法。羊的输精保定，最好采用能升降的输精架或在输精台后设置凹坑，如无此条件可采用助手保定，助手可骑跨在羊的背部，使羊头朝后，进行保定，将羊尾向上掀起，把外阴用 0.3% 高锰酸钾溶液消毒。输精员用开膛器打开母羊阴道，借助光源找到子宫颈口，把输精器插入子宫颈 0.5～1.0cm，缓慢推入精液，输精完毕后，慢慢抽出输精枪（针）和阴道开膛器，再拍一下其背部，促使精液向受精方向运输。

【注意事项】

（1）牛直肠把握输精时要注意事项。

①插入输精枪（针）时，如遇母牛努责，应停止操作，将直肠内的手握成拳，助手可按压母牛腰部，使其放松后，再进行操作。如母牛努责频繁，应将手从直肠内退出，待母牛放松后重新操作。

②插入输精枪时，一定要先斜向上方插入，防止插入尿道口；当输精枪到达子宫颈时，要正确插入子宫颈外口，如果插入时，感到阻力较大，要重新调整插入部位，防止从阴道穹隆插入，损伤母畜。插入输精枪与子宫颈的把握要做到协调统一，输精枪每进入一个皱褶都有轻微的震动，会出现"噗噗"的声音。

③固定子宫颈时，输精枪插入部位不可弯曲。

（2）对牛、羊进行浅部输精时，插入输精枪（针）到达一定部位后，就不能继续插入。此时，要停止插入，防止强行插入损伤子宫。如插入深度不够，应进行调整后，试着重插，如已达插入深度，应将输精枪（针）稍向后拉一点后，再开始注入精液，以防止精液倒流。

（3）用开膛器输精时，取出开膛器时，可稍缩小开口后取出，切不可将开膛器关闭后取出，否则会夹住母畜阴道黏膜，外拉时将其损伤。

【知识拓展】

　　为了有利于同学们巩固知识和了解更多的相关内容，可以阅读以下一些书籍和浏览相关网站：

　　1. 相关书籍与报刊　《中国畜牧兽医杂志》《中国畜牧兽医学报》《中国畜牧兽医文摘》《畜禽繁殖员》《家畜繁殖员》《家畜繁殖学》。

　　2. 相关网站　中国畜牧兽医信息网、中国农业大学动物科学院网站、中国农业科学院畜牧兽医研究所网站。

【观察思考】

　　为了更好把握母畜的输精法，可在教师的指导下，到猪、牛、羊的屠宰场分别收集成年可繁殖母猪、母牛、母羊的整个生殖器官，然后按下列顺序进行观察与模拟操作：

　　（1）对生殖器官各个部分的外观进行仔细的观察。

　　（2）在教师的指导下，按所学知识进行模拟输精。

　　（3）最后将生殖器官剖开，再仔细观察其内部结构，并再次在教师指导下进行模拟输精，体会输精管（枪）插入到不同部位、不同深度时的手感和可能遇到的问题。

　　（4）可建议学校采购一些母畜的模拟器官用于模拟操作，也可在教师指导下自己制作母畜的模拟器官用于模拟操作。

 自 我 测 试

　　一、名词解释

　　1. 自然交配　　2. 人工授精

　　二、填空题

　　1. 自然交配的方式有_____、_____、_____、_____。

　　2. 人工授精的技术环节_____、_____、_____、_____、_____、_____、_____。

　　3. 稀释粉（剂）按性质和用途可分为四类_____、_____、_____、_____。

　　三、判断题

　　（　　）1. 猪的鲜精可原精保存，不必在采精后立刻稀释。

　　（　　）2. 稀释液配制好后，可长期保存，随时使用。

　　四、简答题

　　1. 自然交配的不良后果有哪些？如何杜绝？

　　2. 如何对各种家畜进行输精？输精过程中有哪些注意事项？

项目四

母 畜 的 妊 娠

任务 1　母畜的妊娠生理

【任务目标】

　　知识目标
　　1. 掌握胚胎附植的规律。
　　2. 了解胎膜、胎盘的特点。

【相关知识】

一、早期胚泡的附植

　　早期胚胎转移至母体子宫角后，开始呈游离状态，随着胚胎的生长发育，会逐渐与母体子宫内膜发生组织和生理上的联系，这种联系从疏松到紧密的渐进过程称为附植（亦称植入、嵌植、着床）（图 3-4-1）。

　　1. 附植时间　不同家畜胚胎附植的时间有较大的差异。胚胎结束游离期后，胚胎与子宫内膜开始疏松附着，而两者发生密切联系的时间大体是在受精后：牛 45～60d，马 90～105d，猪 20～30d，绵羊 10～20d，兔 1～1.5d，犬 18.5～24d，猫 10d 左右。

　　2. 附植的部位　不同动物的胚胎附植的部位稍有不同，一般胚胎会选择在最有利于其生长发育的部位进行附植。牛、羊当只有一个卵子受精时，形成的胚胎一般在排卵侧子宫角的下 1/3 处附植，而双胎时则平均分布于两侧子宫角中；马怀单胎时，有时胚胎会迁移至对侧子宫角基部进行附植，而产后发情配种时，胚胎多在上胎空角的基部附植；猪、犬、兔、猫等多胎动物，其胚胎一般平均附植在两侧的子宫角内。

　　胚胎在附植牢固之前，如果因为饲养管理不当、用药不慎或者受到外界突然刺激等，都容易导致动物的早期胚胎死亡或早期流产。

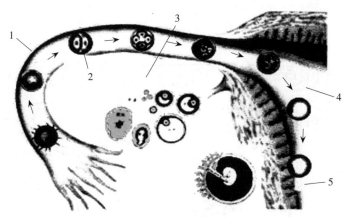

1. 输卵管　2. 受精卵　3. 卵巢　4. 子宫　5. 着床
图 3-4-1　胚胎的发育与附植

二、各种家畜的妊娠期及预产期的推算

妊娠期是母畜从配种到胎儿产出为止所经历的时间。妊娠期的长短因畜种、品种、年龄、胎儿因素、环境条件等的不同而异（表3-4-1）。

表 3-4-1　各种母畜的妊娠期

	平均妊娠期及范围（d）		平均妊娠期及范围（d）
牛	280（270～285）	猪	114（102～140）
马	337（317～369）	水牛	313（300～320）
绵羊	150（146～157）	驴	360（340～380）
山羊	152（146～161）	兔	30（27～33）
犬	62（59～65）	鹿	235（220～240）
猫	58（55～60）		

预产期的简便推算方法是：

黄牛：配种月份减3，配种日数加6。

水牛：配种月份减2，配种日数加9。

马：配种月份减1，配种日数加1。

羊：配种月份加5，配种日数减2。

猪：配种月份加4，配种日数减6（再减去大月数）。也可按"3、3、3"法进行推算，即从配种日起计算，3个月加3周加3d。

犬：配种月加2，配种日加2。

猫：配种月加2，配种日减2。

在计算各种动物的预产期时，应考虑大月小月的问题，这样推算出来的结果相对准确。

三、胎膜和胎盘

1. 胎膜　胎膜即胎儿的附属膜，它是胎儿体以外的几层膜（绒毛膜、尿膜、羊膜、卵黄囊）的总称。其作用是与子宫黏膜交换气体（氧气、二氧化碳）、养分及代谢产物，对胚胎的发育极为重要。在胎儿出生后即被摒弃，故它是一个暂时性功能器官（图3-4-2、图3-4-3）。

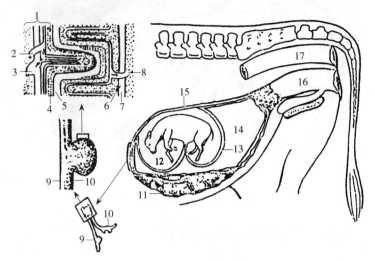

1. 尿膜绒毛膜　2. 胎儿静脉　3. 胎儿动脉　4. 细胞滋养层　5. 子宫腔

6. 基质　7. 母体动脉　8. 母体静脉　9. 子宫壁　10. 尿膜绒毛膜　11. 子叶

12. 羊膜腔及羊水　13. 尿膜羊膜　14. 尿膜腔及尿水　15. 羊膜绒毛膜　16. 阴道　17. 直肠

图 3-4-2　牛胎膜、胎盘及构造

（北京农业大学，1986. 家畜繁殖学）

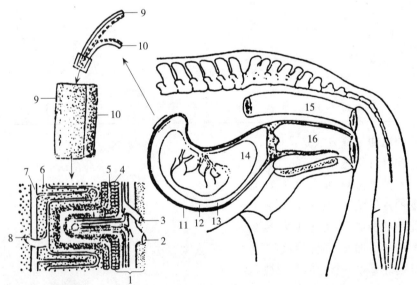

1. 尿膜绒毛膜　2. 胎儿动脉　3. 胎儿静脉　4. 细胞滋养层　5. 子宫腔　6. 基质

7. 母体动脉　8. 母体静脉　9. 子宫壁　10. 尿膜绒毛膜　11. 子宫壁及尿膜绒毛膜

12. 尿膜腔及尿水　13. 尿膜羊膜　14. 羊膜腔及羊水　15. 直肠　16. 阴道

图 3-4-3　马胎膜模式

（北京农业大学，1986. 家畜繁殖学）

（1）卵黄囊。是胚胎外的原肠部分，胚胎发育的初期开始发育，是胚胎发育初期从子宫中吸收养分和排出代谢废物的原始胎盘。卵黄囊随着尿囊的发育逐渐萎缩退化，最后在脐带中只留下一点痕迹。

（2）羊膜。是包围在胎儿外面最内的一层透明薄膜，由胚胎的外胚层和中胚层形成。在胚胎和羊膜之间有一充满液体的羊膜腔，腔内充满羊水，能保护胚胎免受震荡和压力的损伤。

（3）尿膜。是构成尿囊的薄膜，由胚胎的后肠向外延伸而成。其功能相当于胚体外临时膀胱，并对胎儿的发育起缓冲保护作用。随着尿液的增加，尿囊亦增大。

尿膜分内外两层，内层与羊膜粘连在一起，称为尿膜羊膜。外层与绒毛膜粘连在一起，称为尿膜绒毛膜。尿膜上分布有大量来自脐动脉、脐静脉的血管。

（4）绒毛膜。是胚胎最外层膜，它包围着尿囊、羊膜囊和胎儿。绒毛膜的外表分布着大量富含血管网的绒毛，并与子宫黏膜相结合。

（5）脐带。是胎儿和胎盘联系的纽带。脐带内含有脐动脉、脐静脉、脐尿管和卵黄囊残迹。

2. 胎盘　胎盘是由胎膜绒毛膜和妊娠子宫黏膜发生联系的组织。其中胎盘中的绒毛膜部分称胎儿胎盘，而子宫黏膜部分称母体胎盘。胎儿通过胎盘从母体器官吸取氧和养分，排出二氧化碳和代谢废物。

牛的胎盘

（1）胎盘的类型。

①弥散型胎盘。该类型胎盘的绒毛膜分布较分散而均匀，绒毛膜上的绒毛从各处分散伸出指状突起，插入子宫内膜的腺窝中而将母体与胎儿进行紧密联系。动物分娩时，绒毛易于从子宫内膜的腺窝中脱出，胎儿胎盘和母体胎盘分离较快，对子宫内膜损伤较小。马、驴、猪的胎盘属此类（图3-4-4）。

②子叶型胎盘。该类型胎盘的胎儿胎盘上的绒毛局部集中成为豆瓣状形成胎儿子叶，与胎儿子叶对应的母体子宫黏膜上的特殊突出物——子宫阜（母体子叶）融合在一起将胎儿与母体紧密相连。胎儿子叶上的绒毛嵌入母体子叶的腺窝中，结合紧密，分娩时胎儿胎盘不易分离，出现胎衣不下的现象较多。牛、羊的胎盘属此类型（图3-4-5）。

③带状胎盘。该类型胎盘呈长形囊状形成环带状，故称为带状胎盘。绒毛膜上的绒毛直接与母体子宫黏膜深处的血管内皮相接触，分娩时母体胎盘组织脱落，血管破裂，会有出血现象。猫、犬、象、海豹、狐等动物属此类。

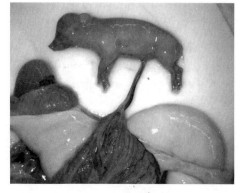

图3-4-4　猪的弥散型胎盘

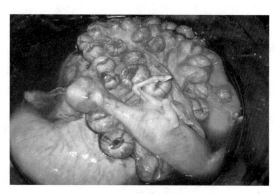

图3-4-5　牛、羊的子叶型胎盘

④盘状胎盘。该类型胎盘呈圆形或椭圆形。绒毛膜上的绒毛在发育时侵入子宫黏膜深处，并穿过血管内皮，直接侵入血液，分娩时有出血现象。人和灵长类动物的胎盘属此类型。

（2）胎盘的功能。胎盘是一个功能极其复杂的阶段性功能器官，具有物质运转、合成、分解代谢、分泌激素及免疫等多种功能，以维持胎儿在子宫内的正常发育，调节和维持妊娠。

任务 2　母畜的妊娠诊断

【任务目标】

知识目标
1. 熟悉妊娠诊断的常用方法。
2. 掌握各种家畜妊娠诊断的要点。

技能目标
1. 掌握母猪妊娠诊断的方法。
2. 掌握母牛妊娠诊断的方法。

【相关知识】

一、早期妊娠诊断的意义

为了提高畜群的繁殖力和牧场的经济效益，母畜配种后，应尽早进行妊娠诊断。通过诊断，确定母畜妊娠时，要按孕畜对待，加强饲养管理，维持母畜健康，避免流产；对确诊未妊娠母畜，要查明原因，及时改进措施，以便在下次配种时做必要的改进或及时治疗；如果没有妊娠又不发情，应及早治疗或淘汰。

二、妊娠母畜的生理变化

母畜妊娠后，胚胎的出现和存在，会引起母体发生许多形态及生理的变化，了解这些变化对于妊娠诊断非常重要。

1. 母体全身的变化　母畜妊娠后，其新陈代谢更加旺盛，食欲增加，消化及吸收能力提高，表现为体重增加，皮红毛亮。妊娠后期，由于胎儿的急剧生长，妊娠前期母畜积蓄的营养物质受到消耗，如果饲养管理不当，母畜则表现消瘦。妊娠后期由于胎儿的压迫，部分动物（如牛、马）常发现由乳房到脐部有水肿现象，呼吸方式由胸腹式向胸式呼吸转化。

2. 生殖器官的变化

（1）卵巢。卵巢上有突出于卵巢表面的不规则的较坚实的黄体存在，黄体所分泌的孕激素会抑制卵泡的发育，一般没有卵泡发育为成熟卵泡。随着妊娠的延续，胎儿体积增大，胎儿下沉于腹腔，卵巢亦随之下沉。

（2）子宫。随着妊娠的进展，子宫有增生、生长、扩展的变化。妊娠中后期，由于胎儿的增大，使子宫壁扩张，子宫壁变薄，直肠触摸子宫，孕角子宫有明显的波动感。

（3）子宫颈。母畜妊娠后，子宫颈紧缩，子宫颈的位置往往稍为偏向一侧，质地较硬，子宫颈口有黏滞的黏液（子宫栓）将子宫颈口封闭。

（4）阴唇及阴道。妊娠初期，阴唇收缩，阴门裂紧闭，阴道黏膜苍白。妊娠后期，阴唇会发生水肿现象，牛的这种变化尤为明显。

（5）子宫动脉。孕畜由于供应胎儿的营养需要，子宫动脉血量增加，血管变粗，孕角出现的脉搏较空角明显。

三、妊娠诊断的方法

1. 外部观察法　即通过观察母畜的外部征状进行妊娠诊断的方法。母畜妊娠后，一般表现为：周期性发情停止，食欲增加，毛色光亮，性情变得温驯，行为谨慎，易离群（特别是放牧的牛、羊）；妊娠到一定时期（牛、马、驴 5 个月，羊 3～4 个月，猪 2 个月）后，腹围增大，且腹壁向一侧（牛、羊右侧，马左侧，猪下腹部）突出，乳房膨大，有时牛、马腹下及后肢会出现水肿。牛 8 个月，马、驴 6 个月以后可看到胎动。此法适用于各种母畜。

牛外部观察法

外部观察法的优点是简便易行，缺点是不易做出早期妊娠诊断，对少数生理异常的母畜易出现误诊，因此常作为妊娠诊断的辅助方法。

2. 阴道检查法　即通过观察母畜阴道的黏膜、黏液及子宫颈的变化而判定母畜是否妊娠的方法。母畜妊娠后，阴道黏膜苍白、表面干燥、无光泽、干涩，插入开膣器时阻力较大。子宫颈口关闭，有子宫栓存在。随着胎儿的发育，子宫重量的增加，子宫颈往往向一侧偏斜。此法的不足点是：当母畜患有持久黄体或子宫颈及阴道有炎症时，易造成误诊，不能做出早期妊娠诊断，如操作不当易造成流产。此法只能作为妊娠诊断的辅助方法。

3. 直肠检查法　直肠检查法是判断大家畜（牛、马、驴、鹿等）是否妊娠的最基本而可靠的方法。它通过用手隔着直肠壁触摸卵巢、子宫、子宫动脉的状况及子宫内有无胎儿存在来进行妊娠诊断。其优点是：准确率高，在整个妊娠期均可用。但在触诊胚泡或胎儿时，动作要轻，以免造成流产。

（1）妊娠母牛的直肠检查。配种后 18～25d，如果母牛仍未出现发情，子宫角变化不明显，一侧卵巢上有黄体存在，可初步诊断为妊娠（图 3-4-6）。

妊娠 30d，两侧子宫角不对称，孕角比空角略粗大，松软，有波动感，收缩反应不敏感，空角较厚且有弹性。

妊娠 60d，子宫角和卵巢下沉，孕角比空角约大 2 倍，孕角波动感明显，角间沟稍平坦，此时一般可确诊。

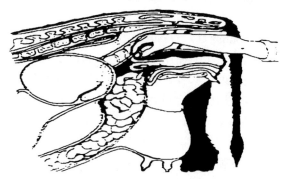

图 3-4-6　牛的直肠检查

妊娠 90d，孕角大如排球，波动明显，子宫开始沉入腹腔（初产母牛下沉时间稍晚），偶尔可摸到胎儿，孕角子宫动脉根部开始可以感到微弱的妊娠脉搏。

妊娠 120d，子宫全部沉入腹腔，只能摸到子宫的背侧及该处的子叶，形如蚕豆状，妊娠脉搏明显。

（2）妊娠母马的直肠检查。妊娠 14～16d，少数马的子宫角收缩呈圆柱状，子宫角壁增厚，用手触摸有硬化感觉，一侧卵巢有黄体存在。

妊娠 17～25d，子宫角硬化更明显，轻捏尖端捏不扁，实心感较强，在子宫的基部，胚泡向下突出明显，如鸽子蛋大小。空角弯曲增大，一般只有一个弯曲，此时胚泡有波动感。

妊娠 26～35d，孕角变粗缩短，空角稍细而弯曲，子宫角坚实，胚泡大如鸡蛋，柔软有波动，此时可确诊。

妊娠 36～45d，胚泡增长速度较快，胚泡如拳头大，波动感明显。

妊娠 46～55d，胚泡直径达 10～12cm，孕角由于重量增加而开始向腹腔下沉。

妊娠 60～70d，胚泡快速增长，大如排球。

妊娠 80～90d，胚泡大如篮球，子宫角几乎全部被胎儿所占据，以后胚泡继续增大下沉，4 个月左右只能摸到胚泡的后部，有时可摸到胎儿。

（3）羊的直肠检查。羊的直肠检查多用探诊棒进行（图 3-4-7）。检查时，将停食一夜的被检母羊仰卧保定，向直肠灌入 30mL 左右的温肥皂水，排出直肠内宿粪，将涂有润滑剂的探诊棒插入肛门，贴近脊柱，向直肠插入 30～35cm，然后一只手将探诊棒的外端轻轻压下，使直肠内一端稍微挑起，以托起胎胞，同时另一只手在腹壁触摸，如触到块状实体，说明母羊已妊娠，如反复诊断均只能摸到探诊棒，说明未妊娠。此法适宜于配种 60～85d 的妊娠羊检查，配种已达 115d 时要慎用。

4. 腹部触诊法　通过用手触摸母畜的腹部，感觉腹内有无胎儿硬块或胎动进行妊娠诊断的方法。此法多用于羊、兔。

（1）兔的触诊。在母兔交配 1 周后开始摸胎，摸胎者左手抓住兔耳朵，将母兔固定在桌面上，兔头朝向术者，右手作"八"字形，从前向后轻轻沿腹壁后部两旁摸索。如摸到花生米状（直径 8～10mm）大小能滑动的肉球，呈圆球形，均匀地排列在腹部后侧两旁，指压时光滑而有弹性，则是受孕的征兆。初学者易

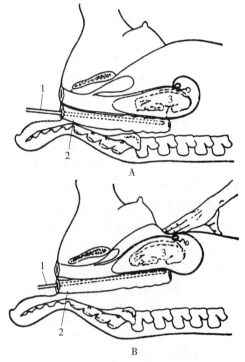

A. 插入探诊棒　B. 用探诊棒托起胎儿
1. 探诊棒　2. 直肠　3. 胎儿
图 3-4-7　母羊妊娠探诊棒直肠检查法
（李青旺，2002. 畜禽繁殖与改良）

把 7～10d 的胚胎与粪球相混淆，粪球多为椭球状，指压时无弹性，分布面积大，不规则并与直肠宿粪相接。

（2）羊的触诊。在母羊配种 20d 后，用双腿夹住母羊颈部进行保定，然后用两只手以抬抱方式在腹壁前后滑动，抬抱的部位是乳房的前上方，如能摸到胎儿硬块或黄豆粒大小的胎盘子叶，即为妊娠。

5. 超声波诊断法

（1）A 型超声波（A 超）。A 型超声波妊娠诊断是以波形来显示组织特征的方法，主要用于测量器官的径线，以判定其大小。可用来鉴别病变组织的一些物理特性，如实质性、液体或是气体是否存在等（图 3-4-8）。

猪 A 超判定

利用 A 型超声波诊断仪探测胎水、胎儿运动、胎儿心搏及子宫动脉的血流等情况来进行妊娠诊断。此法适用于马、牛、羊、猪。

（2）B 型超声波（B 超）。B 型超声波妊娠诊断近年来发展很快，已成为现代临床医学中不可缺少的诊断方法。B 超可以清晰地显示各脏器及周围器官的各种断面像，由于图像富于实体感，接近于解剖的真实结构，所以应用超声波可以早期明确诊断（图 3-4-9 至图 3-4-11）。

猪 B 超判定

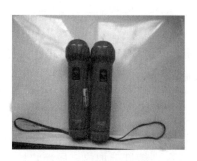

图 3-4-8　A 型超声波诊断仪

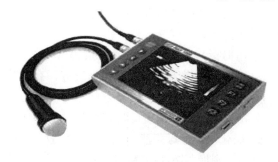

图 3-4-9　兽用 B 型超声波诊断仪

图 3-4-10　B 型超声波诊断仪

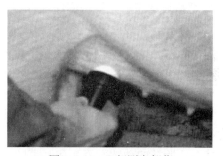

图 3-4-11　B 超测定部位

技 能 训 练

技能训练一　猪的妊娠诊断

【训练目的】学习母猪妊娠诊断的方法和技术。

【训练材料】

（1）未妊娠母猪及妊娠母猪若干头。

（2）碘酊、蒸馏水、酒精灯、试管夹、A 型超声波妊娠诊断仪、液态石蜡、听诊器、毛巾、提桶等。

【方法步骤】

1. 外部检查法

（1）视诊。

①观察母猪外形的变化，如毛色有光泽、发亮，阴户下联合的裂缝向上收缩形成一条线，则表示受孕。

②母猪配种后 18～24d 不再发情，食欲增加，腹部逐渐增大，表示已受孕。

③母猪配种后 30d 乳头发黑，乳头附着部位呈黑紫色晕轮表示已受孕。

④配种 80d 后母猪侧卧时可看到胎动，腹围增大，乳头变粗，乳房隆起则表示母猪受胎。

（2）触诊。

①经产母猪配种后 3～4d，用手轻捏母猪倒数第 2 对乳头，发现有一根较硬的乳管时，则表示已受孕。

②用拇指与食指用力压捏母猪第 9～12 胸椎中线处，如背中部指压处母猪表现凹陷反应，则未孕；如指压时表现不凹陷反应，有时甚至稍凸起或不动，则表示为已受孕。

③配种 70d 后，在母猪卧下状态时，细心触摸母猪腹壁，可在乳房的上方与最后两乳头平行处触摸到胎儿。消瘦的母猪在妊娠后期比较容易触摸。

2. 碘化法　取母猪清晨尿液 10mL 放入试管内，用比重计测定其比重在 1.00～1.025 之间，如过浓则加蒸馏水稀释，然后滴入 1～2 滴碘酒摇匀后在酒精灯上加热，尿液将达到沸点时发生颜色变化：尿液由上到下出现红色，则表示已受孕；出现淡黄色或褐色则表示未受孕。

3. 超声波检查　先清洗刷净欲探测部位，涂抹液状石蜡，由母猪下腹部左右肋部前的乳房两侧探查。从最后一对乳房后上方开始，随着妊娠日龄的增长逐渐前移，直抵胸骨后端进行探查。妊娠诊断仪的探头紧贴腹壁，对妊娠初期母猪应将探头朝向耻骨前缘方向或呈 45°角斜向对侧上方，要上下前后移动探头，并不断变换探测方向，以便探测胎动、胎心搏动等。

母体动脉的血流音呈现有节律的"啪嗒"声或蝉鸣声，其频率与母体心音一致。胎儿心音为有节律的"咚咚"声或"扑通"声，其频率约 200 次/min，胎儿心音一般比母体心音快 1 倍多，胎儿的动脉血流音和脐带脉管血流音似高调蝉鸣声，其频率与胎儿心音相同。胎动音好似无规律的犬吠声，妊娠中期母猪的胎动音最为明显。

技能训练二　母牛的妊娠诊断

【训练目的】学习母牛妊娠诊断的方法和技术。

【训练材料】未妊娠牛及妊娠牛各若干头、牛绳、肥皂、碘酒、听诊器、提桶、毛巾。

【方法步骤】

1. 外部检查

（1）视诊。应该注意的要点如下：

①乳房是否膨胀，乳房皮肤颜色是否变红。

②腹部是否膨大，妊娠牛往往为在右侧腹壁突出。

③是否有胎动，胎动是指因胎儿活动造成母畜腹壁的颤动，即看肋腹部是否有颤动。妊

娠牛 3 个月以后方能看到，其颤动与呼吸动作不同，呼吸为胸式呼吸且有规律，胎动仍为急剧而偶然的。牛的胎动不明显。

④下腹壁是否有水肿。其特征是肿胀部分高起来，不热不痛，指压时凹下去，指离去后不能立刻恢复，水肿的发生并非常有，如发生亦只限于妊娠末期产前 1 个月，分娩后经 10d 即自行消失。

以上视诊所见仅可参考，因为妊娠牛不一定都有上述现象，比较未妊娠牛与重胎牛，并将观察结果记录下来。

（2）触诊。在右侧膝皱褶的前方试用手指尖端触诊，如果腹壁紧张，可用拳头抵压，但不可过于猛烈，抵压后轻轻放松，但手不离皮肤，如有胎儿，则觉有胎动。右侧如触诊不到，可再于左侧触诊，牛一般要在胎龄 7～8 个月后才可触到。

（3）听诊。目的是听取胎儿的心音，只有当胎儿的胸壁紧靠母体腹壁才可听到，听诊时，用听筒在左右侧膝皱褶的内侧听。胎儿心音与母畜心音的区别是：胎儿心音快，一般每分钟均在 100 次以上，同时母畜心音不会发生在腹部。

听到心音时可以判断为妊娠，但如听不到时也不能判定为未妊娠。

2. 直肠检查

（1）注意事项。

①在妊娠早期，胎儿和附属膜部很脆弱，容易受到伤害而引起流产，因此在触诊子宫时，绝不可用力过大。

②在检查时，肠道往往大力收缩或者形成空洞，这时必须耐心等待肠蠕动弛缓再触诊，以免损伤肠壁，引起出血。

③在触诊时不可用指端，必须用指腹。因为指腹较敏感又安全。

（2）准备工作。

①术者的准备。术者要修剪指甲，同时要磨光指甲的锐端，以免检查时弄破直肠，引起流血等不良结果。手臂必须先用肥皂水洗干净，必要时最好再用消毒液洗，遇手臂上皮肤有创伤时，应该再加涂碘酒或磺胺软膏在伤口上，然后涂抹润滑油或肥皂等润滑剂于手部，直至肘关节的上方。

②被检查妊娠牛的准备。被检查妊娠牛停食半天，或在早上未放牧或饲喂前进行，做好必要的保护工作。如母牛性情温和，则由助手两人分别站在母牛的左右两侧，用手撑住腰角即可；如母牛拒绝检查，可适当保定后再进行检查。

（3）检查步骤。术者将五指成鸟嘴状，伸入母牛肛门中再逐渐往前移动。如遇母牛努责时，则手停留不动，待努责过后再伸向前，以免损伤牛的直肠。如感觉直肠内粪便太多，不便检查，则先掏出积粪，再行检查。操作时，注意有无手部损伤直肠的事故发生，而后按下列步骤检查各部位。

①子宫颈。其位置在骨盆腔的中央或稍前方，或在耻骨前缘的部位，可触到一根粗如菜刀柄、稍硬，且带有弹性的柱状物，即可判断为子宫颈。检查时主要是判断其子宫颈的位置、方向和粗细程度。

②子宫角间沟。触到子宫颈后，在子宫颈前方不远处，将食指和无名指分别置于左右两个子宫角上，即可用中指以触摸此沟，判别子宫角间沟是否明显或者已经消失。

③子宫角。由子宫角基部开始，逐渐移至尖端，注意其大小、质地、波动性和位置，判

别两个子宫角是否对称。

④子叶。妊娠 4 个月后才能触到子叶，其位置在耻骨前缘的子宫角内，随妊娠月数的增加，子叶可由手指头至鸡蛋大，子叶可以上下移动，而不能左右移动。

⑤胎儿。从耻骨前缘前方深处的妊娠子宫角按压，如感到有不规则的硬固物，多压一会，如感到有忽显忽隐的无节奏冲击时，可判为胎儿。

⑥卵巢。位置在耻骨前缘的下方或耻骨上方，或子宫角基部两侧，或在子宫角的下方。触诊时可触到呈指甲大小，有弹性，形状微呈三角形的物体，即为卵巢。触到卵巢后，母牛往往表现不安。将卵巢夹在中指与食指之间，或中指与无名指中间，再用拇指触摸卵巢的表面，判断质地如何，有无隆起而硬的黄体或波动的滤泡。

⑦子宫动脉。左（右）侧子宫动脉，位置在左（右）侧髂骨外角的内方，约一掌宽处。检查时将子宫动脉夹在手指间，可将之移动，而其他动脉则不能移动；另一个判断方法是：在荐椎突起最高点至左（右）两侧的髂骨外角作一连线，在其中点上即可触到子宫动脉，比较两侧的子宫动脉之脉性是否相同，大小是否相同，有无特异震动。

3. 实验室妊娠检查法

（1）新尿检查法。取母牛新鲜尿 10mL 装入试管内，然后加入 7％碘酒 1～2mL 充分混合。如无变化者为不孕的母牛；如呈暗紫色者，即为妊娠母牛。

（2）子宫颈口黏液涂片检查法。从子宫颈口处取下黏液在载液片上进行均匀微薄涂片后，让其自然干燥，用无水甲醇固定 5～10min（或 10％硝酸银固定 1min），用水冲洗，再滴上 2～3 滴的基姆萨染色液，用水冲洗，待干后，实行镜检。如为妊娠母牛，可看到短而细的毛发状条纹，颜色呈紫红或淡红；如为发情牛可看到羊齿类植物状条纹。

在生产实践中，一般常用直肠妊娠检查法，因而不需任何设备，准确性也较高。

任务 3　母畜的分娩、助产技术

【任务目标】

知识目标

1. 掌握家畜正常分娩的过程。

2. 学会家畜正常分娩的助产方法，初步学会难产的救助方法。

技能目标

1. 能在母畜分娩时进行助产。

2. 能对假死仔畜进行救助。

3. 能对难产母畜进行助产处理。

【相关知识】

一、分娩的概念

分娩是指母畜妊娠期满，胎儿发育成熟，母体将胎儿及其附属物从子宫内排出体外的生理过程。

二、分娩机制

1. 母体因素

（1）机械刺激。妊娠末期胎儿迅速生长，子宫高度扩张，子宫肌对雌激素及催产素的敏感性增强，胎儿运动加强，子宫承受的压力逐渐升高，从而引起子宫肌收缩和子宫颈舒张，导致分娩。

（2）母体激素的变化。母畜临近分娩时，卵巢上的黄体逐渐消退，体内孕激素分泌减少或停止，雌激素、前列腺素、催产素、松弛素、促乳素分泌增加，使子宫颈口开张，耻骨联合松弛，这些都是导致母畜分娩的原因。

2. 胎儿因素 当胎儿发育成熟时，其脑垂体分泌大量促肾上腺皮质激素，使胎儿肾上腺皮质激素的分泌增加，引起胎儿胎盘分泌大量的雌激素，并刺激子宫内膜分泌大量的前列腺素，导致子宫肌收缩加强，引起分娩。

3. 免疫学机制 在胎儿发育成熟时，胎盘发生老化、变性，导致胎儿与母体之间的联系以及胎盘屏障受到破坏，使胎儿就像异物一样被排出体外（称为排异反应）。

三、分娩预兆

母畜分娩前所发生的生理、身体形态和行为的一系列的变化，称为分娩预兆。根据这些变化可预测分娩时间，做好接产（或助产）的准备工作。

乳房变化
（肿胀）

分娩前，孕畜乳房迅速发育，腺体充实，有的乳房底部水肿，可挤出少量乳状物，有的有漏乳现象，乳头增大变粗；外阴柔软，充血肿大，黏液增多，稀薄透明，子宫颈松弛；骨盆及荐髂韧带松弛，臀部肌肉出现明显的塌陷现象；行为上表现为食欲下降、好静、离群，猪在分娩前 6～12h 衔草作窝，兔拔胸腹毛作窝，有时起时卧等现象，牛则有"回望腹部"的现象。

四、决定分娩过程的因素

1. 产力 指将胎儿从子宫中排出体外的力量，包括子宫肌的阵缩力和腹肌、膈肌收缩的力量。

2. 产道 是胎儿由子宫排出体外时的必经通道，包括软产道（子宫颈、阴道、尿生殖前庭、阴门）和硬产道（骨盆）。其中骨盆的宽窄是决定胎儿是否正常分娩的主要因素。

3. 胎向、胎位和胎势

（1）胎向。指胎儿纵轴与母体纵轴的关系，有纵向、竖向和横向之分。胎儿纵轴与母体纵轴平行称纵向；上下垂直的称竖向；水平垂直的称横向。正常的胎向为纵向。

（2）胎位。指胎儿的背部与母体背部的关系。胎位有上位、下位和侧位之分。

上位：胎儿背部朝向母体背部，胎儿俯卧在子宫内。

下位：胎儿背部朝向母体的下腹部，胎儿仰卧在子宫内。

侧位：胎儿的背部朝向母体的腹部侧壁。有左侧位和右侧位之分。

（3）胎势。指胎儿本身各部分之间的关系。分娩前胎儿在子宫内的方向总是纵向，体躯蜷曲，四肢弯曲，头部向胸部贴靠。在妊娠后期，马的胎儿多是纵向，下位；牛、羊的胎儿是纵向，侧位；猪多为上位。分娩时，胎儿多是纵向，头部前置（正生），牛、羊双胎时，多是一个正生,一个倒生(头部后置)。猪正、倒生交替产出。

五、分娩过程

牛分娩

母畜的分娩过程可分为开口期、胎儿产出期和胎衣排出期。但开口期和产出期没有明显的界线。

1. 开口期 从子宫开始阵缩开始,子宫颈口完全开张,与阴道之间的界限完全消失为止。此期的特点是:母畜只有阵缩而不出现努责。初产孕畜表现不安,时起时卧,食欲减退,举尾、常作排尿姿势,回头顾腹,但经产孕畜一般表现安静。

2. 胎儿产出期 从子宫颈完全开张至排出胎儿为止的时期。阵缩和努责同时进行,而努责是排出胎儿的主要动力。此期产畜表现为极度不安,时起时卧,前肢刨地,后肢踢腹。呼吸和脉搏加快,最后侧卧,四肢伸直,强烈努责。

3. 胎衣排出期 从胎儿排出后到胎衣完全排出为止的时期。此期产畜表现较安静,子宫主动收缩有时还配合轻度努责而使胎衣排出体外(表3-4-2)。

表 3-4-2 母畜分娩各阶段的时间表

	开口期	胎儿产出期	胎衣排出期
马	12h(1～24h)	10～30min	20～60min
牛	6h(1～12h)	0.5～4h	2～8h
水牛	1h(0.5～2h)	20min	3～5h
羊	4～5h	0.5～2h	2～4h
猪	3～4h	2～6h	10～60min

六、助产

1. 助产前的准备 根据配种记录及分娩预兆进行综合预测,母畜在分娩前1～2周转入产房。事先对产房进行清扫消毒,厩床上铺垫清洁柔软的干草。产房内应准备必要的药品及用具,如肥皂、毛巾、绷带、消毒药、产科绳、镊子、剪刀、针头、注射器、脸盆、催产素等常用手术助产器械与用品。

2. 正常分娩的助产 分娩是母畜的正常生理过程,一般情况下,不需干预,助产人员的主要任务是监视分娩情况护理仔畜,发现异常及时处理。

当胎儿头部露出于阴门之外,而羊膜尚未破裂(多见于马、牛、羊),应立即撕破羊膜使胎儿鼻端露出,以防胎儿窒息。如羊水流尽,胎儿尚未产出,母畜阵缩及努责又弱时,可抓住胎头及两肢,随着母畜努责,沿骨盆轴方向拉出,倒生时,更应迅速拉出。

当胎头通过阴门困难时,尤其是当母畜反复努责的情况下,可慢慢将胎儿拉出,防止会阴破裂。站立分娩时,应用双手接住胎儿。分娩后脐带多自动挣断,一般不用结扎,但必须用碘酊(5%～10%)消毒;牛产双胎时,第1个牛犊的脐带应进行两道结扎,然后从中间剪断。仔畜产出后,鼻腔或口腔中黏液应用清洁的干毛巾或纱布擦净,呼吸有困难的需进行人工呼吸。

猪的接产
与助产

当母畜发生难产情况时，首先要对产道及胎儿进行临床检查，然后对症救助。产力性难产可用催产素催产或拉住胎儿的前置部分，顺着产畜的努责将胎儿拉出体外；胎儿过大引起的难产，可行剖宫产术或将胎儿强行拉出的办法救助；如胎位、姿势不正引起的难产需先纠正其胎位、胎向和胎势后再进行助产。

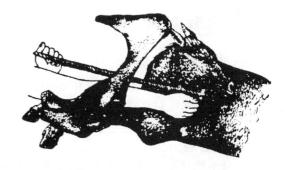

1. 先推　2. 后拉

图 3-4-12　腕部前置的助产

（北京农业大学，1986. 家畜繁殖学）

图 3-4-13　胎头侧弯的助产

（北京农业大学，1986. 家畜繁殖学）

产道轻度狭窄造成的难产，可向产道内灌注液状石蜡，然后缓慢地强行拉出胎儿，并注意保护会阴，防止撕裂，如胎儿死亡，可施行截胎手术，将胎儿分割拿出。

3. 难产预防

（1）不要让母畜过早配种。如果母畜尚未发育成熟配种受孕，容易发生因骨盆狭窄而导致的难产。

（2）合理饲养妊娠母畜。对妊娠母畜进行合理饲养，适当增加营养供给，保证胎儿正常发育的需要，维持母畜的健康，减少发生难产的可能性，在母畜妊娠的后期应适当减少蛋白质饲料，以免胎儿过大造成难产。

（3）适当的运动或轻度使役。适当的运动不仅可提高妊娠母畜对营养物质的利用率，使胎儿正常发育，还可提高母畜全身和子宫的紧张性，分娩时增强胎儿活动和子宫收缩力，有利于胎儿转变为正常分娩胎位、胎势，减少难产及胎衣不下。

（4）做好临产前的早期诊断。检查时间：牛在胎膜露出到排出胎水后进行较为合适；马、驴在尿囊破裂、尿水排出之后较为合适。发现问题及时处理。

【知识拓展】

为了有利于同学们巩固知识和了解更多的相关内容，可以阅读以下一些书籍和浏览相关网站：

1. 相关书籍与报刊　《中国畜牧兽医杂志》《养殖技术顾问》《现代农业》《中国畜牧兽医学报》《中国畜牧兽医文摘》。

2. 相关网站　中国畜牧兽医信息网、中国农业大学动物科学院网站、中国农业科学院畜牧兽医研究所网站、中国应用技术网。

【观察思考】

为了对胎盘的形状有较深的印象，在有条件的情况下，可在教师的指导下到猪场、牛（或羊场）收集猪、牛（或羊）的胎盘进行观察，然后描述并记录观察到的形状。

 自我测试

一、填空题

1. 母畜妊娠诊断常用的方法有_____、_____、_____、_____。

2. 母畜分娩过程分为_____、_____、_____三个阶段。

3. 新生仔畜的护理有_____、_____、_____、_____、_____、_____。

二、简答题

1. 母牛配种后1～2个月直肠检查根据哪些变化判定妊娠？

2. 如何使用A超、B超诊断妊娠母畜（包括猪、牛、羊)？

3. 如何对新生仔畜进行护理？

项目五

繁殖控制技术与胚胎工程

【项目任务】

【项目任务】

1. 了解母畜繁殖控制技术的有关概念。
2. 了解母畜繁殖控制技术的原理。
3. 掌握母畜繁殖控制的方法。

任务1 繁殖控制技术

【任务目标】

知识目标

1. 掌握同期发情、诱导发情、超数排卵、诱导分娩的概念。
2. 理解繁殖控制的原理及意义。

技能目标

了解母兔的超数排卵技术。

【相关知识】

繁殖控制技术就是利用激素或采取某些措施处理母畜，控制其发情周期的进程、排卵的时间和数量，充分发掘母畜的繁殖潜力，以获得较高的经济效益。它包括同期发情、诱导发情、超数排卵和诱导分娩等技术。

一、同期发情

1. 概念 是指对群体母畜采取措施（用激素处理或改变饲养管理），使母畜发情相对集中在一定的时间范围内的措施。

2. 意义

（1）有利于推广人工授精，促进家畜品种改良。人工授精是一项技术性很强的工作，往往由于畜群过于分散或交通不便而受到限制。如果能在短时间内使畜群集中发情，就可以根据预定的日程巡回进行定期配种，集中力量提高工作效率及工作质量。

（2）便于组织集约化生产，实施科学化饲养管理。同期发情可以使畜群的妊娠和分娩时间相对集中，仔畜培育、断乳等各阶段做到同期化，从而可以合理调配人力资源，实现商品家畜的批量生产。

（3）可提高繁殖率低的畜群的繁殖率。同期发情的技术对一些繁殖率低的畜群，如南方农村的黄牛和水牛，因犊牛吮乳，营养水平低下，使役过度等原因而在分娩后一段很长的时间内不能恢复正常发情，通过处理可使母畜恢复发情并配种后受胎，从而提高其繁殖率。

（4）作为其他繁殖技术和科学研究的辅助手段。同期发情是胚胎移植等繁殖新技术的重要环节。

3. 原理　在母畜的一个发情周期中，根据其卵巢变化情况可划分为黄体期和卵泡期，两期交替、反复出现就形成了发情周期，其中黄体期（约占整个发情周期的 70%）比卵泡期长。卵泡期是指周期性黄体退化继而血液中孕酮水平显著下降后，卵巢中卵泡迅速生长发育成熟并排卵的时期。卵泡期之后，卵巢上形成黄体，随即进入黄体期。黄体期内，在黄体分泌孕激素的作用下，卵泡发育受抑制，母畜不表现发情。未妊娠母畜一定时间后，其卵巢上黄体被溶解、退化，随后进入另一个卵泡期。相对高的孕激素水平可抑制卵泡发情和发育，由此可见，黄体期的结束是卵泡期到来的前提条件。因此，控制母畜黄体期的消长，是控制母畜同期发情的关键。其途径是：

（1）人为延长母畜的黄体期。即通过人为干预，使母畜的黄体期向后推延，推迟母畜的发情时间。

（2）人为缩短母畜的黄体期。即通过人为干预，使母畜的正常黄体期缩短，使母畜的发情时间提前。

4. 同期发情的方法

（1）孕激素处理法。

①孕激素埋植法。将 3～6mg 甲基炔诺酮与硅橡胶混合后凝固成直径 3～4mm、长 15～20mm 的棒状，将其埋植于牛的耳背皮下，经 9～12d，用镊子将埋植物取出。为加快黄体消退，一般在处理前肌内注射 4～6mg 苯甲酸雌二醇。

②孕激素阴道栓法（图 3-5-1、图 3-5-2）。用灌注孕激素的发泡硅橡胶制成的棒状 Y 形或将海绵浸入孕激素后，塞入母畜阴道中，9～12d 后取出，大多数母畜可在处理结束后第 2～4d 发情。

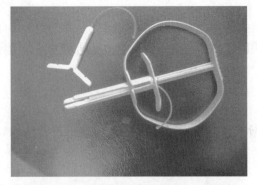

图 3-5-1　孕激素 Y 形阴道栓和放栓枪

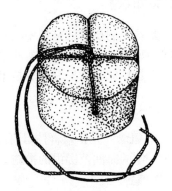

图 3-5-2　孕激素海绵阴道栓
（张忠诚，2002. 家畜繁殖学）

③注射法。将一定量的孕激素药物进行皮下或肌内注射，连续注射若干天后停药。这种方法药量准确，但是比较烦琐。

④口服法。将一定量的孕激素拌于饲料内，连续喂一定天数后，停药，不久即发情。这

种方法仅限于不易被消化道降解的人工合成的孕激素类似物。

（2）前列腺素（PG）处理法。

①PG 一次注射法。牛用 PGF$_{2\alpha}$ 20～30mg，氯前列烯醇 300～500ug 肌内注射；羊用 PGF$_{2\alpha}$ 4～6mg，氯前列烯醇 50～100ug，在繁殖季节发情周期的第 4～14d，肌内注射。

②PG 二次注射法。在第 1 次处理结束后间隔 11～12d 再次用上法处理，效果较好。

（3）PG 结合孕激素处理法。孕激素处理 7d 后，用 PGF$_{2\alpha}$ 处理，发情输精时注射 LH 效果较好。

（4）猪的同期发情处理法。猪的同期发情用药物处理往往效果不佳，目前多采用同期断乳的办法达到同期发情的目的。

二、诱导发情

1. 概念　诱导发情是对因生理和病理原因造成乏情的母畜采取的措施使之发情、排卵的技术。

2. 意义　采用诱导发情技术可以缩短乏情母畜的繁殖周期，增加胎次，提高繁殖率。

3. 原理　对于生理性乏情的母畜（如羊、马季节性乏情，牛和水牛产后长期乏情，母猪断乳后长期不发情，营养水平低而乏情等）其卵巢处于静止状态，或活动状态处于较低水平，垂体不能分泌足够的促性腺激素以促进卵泡的最终发育成熟及排卵，这种情况下，只要增加体内促性腺激素即可诱导发情。

对于一些因病理原因导致乏情的（如持久黄体、卵巢萎缩等），应先将造成乏情的病理原因查出并予以治疗，然后用促性腺激素处理，使之恢复繁殖机能。

4. 诱导发情的方法

（1）所有同期发情的方法都可以用于诱导发情。

（2）单独使用促性腺激素释放激素（实践中一般用 PMSG）可诱导乏情母畜发情。

（3）改善饲养管理，防止母畜过肥，补充维生素 E 的供给或用灭菌的温水冲洗子宫也能促进母畜的发情。

三、超数排卵

1. 概念　应用较大剂量的外源性促性腺激素诱发多个卵泡发育，并排出具有受精能力的卵子的方法。

2. 目的　对母畜的超排处理是胚胎移植的一个必要步骤，也可在诱发单胎家畜产双胎中进行应用。

超数排卵

3. 原理　在母畜发情周期的末期，卵巢正处于从黄体期向卵泡期的过渡阶段，此时给母畜注射适量的外源性促性腺激素，就会在原有基础上，进一步提高卵巢的活性，使卵巢上有比自然情况下有更多的卵泡发育、成熟并排卵。

4. 超数排卵的方法　超数排卵的方法与诱导发情方法相同，只是所用的促性腺激素的量稍大。

四、诱导分娩

1. 概念　诱导分娩亦称引产，是指在母畜妊娠末期或分娩前数日内，利用激素诱发母畜在预定的时间内分娩的技术。

2. 意义

（1）可使畜群的分娩时间趋于一致，有利于畜群的管理工作。

（2）可以合理组织人力，有计划地利用产房和其他设施。

（3）有利于有计划地进行助产工作和护理工作，减少对母畜、仔畜的损伤。

（4）可以得到个体大小和年龄比较一致的畜群，便于产业化生产。

3. 诱导分娩的方法

（1）羊的诱导分娩。当母羊妊娠 140d 时傍晚给母羊注射 16mg 糖皮质激素，12h 后可使母羊产羔或在预产期前三天注射苯甲酸雌二醇，90％的母羊也能在 48h 内产羔。

（2）牛的诱导分娩。母牛在妊娠 265～270d 时一次性肌内注射 20mg 地塞米松或在分娩前一个月用长效糖皮质激素注射，用药后 2～3 周分娩，对尚未分娩的母牛再用 $PGF_{2\alpha}$ 制剂效果较好。值得注意的是使用短效糖皮质激素或 $PGF_{2\alpha}$ 时常伴有胎衣不下的现象。

技 能 训 练

技能训练   母兔超数排卵

【训练目的】

（1）了解促性腺激素对卵巢机能的作用。

（2）练习采卵的方法。

（3）鉴别未受精卵和受精卵的形态。

【训练材料】空怀母兔若干只、FSH、LH、PMSG、注射器、手术刀、外科剪刀、镊子、止血钳、瓷盘、烧杯、纱布、棉花、放大镜、显微镜、立体显微镜、表面皿、拨针、生理盐水、酒精。

【方法步骤】

1. 母兔的超数排卵处理   超数排卵处理由教师执行或由学生在本手术前 4d 下午执行，分如下 3 种处理：

（1）手术前第 4 天和第 2 天，每天下午皮下注射 FSH 25IU，手术前 2d 下午由公兔交配。

（2）手术前第 4 天和第 3 天，每天下午皮下注射 FSH 25IU，前 2d 下午与 FSH 同时皮下注射 LH 100IU。

（3）手术前 4d 下午注射 PMSG 50IU，前 2d 下午由公兔交配。

（4）对照组母兔不做处理，也在手术前 2d 下午由公兔交配。

2. 卵子采集

（1）采卵前准备。将所用器皿摆于瓷盘中，烧杯中盛放生理盐水，剪一块平皿大小的双层纱布放入平皿中，用生理盐水湿润。

（2）手术。

①由兔耳静脉注入约 5mL 空气使其致死。

②将兔仰卧固定于手术台上。

③沿腹中线用毛剪剪去被毛，然后用酒精棉花涂擦去毛皮肤。

④用手术刀在腹中线腹壁划开1个1～2cm小口，然后用手术剪剪开整个腹壁。剪开腹壁过程要小心，以免切破肠壁。

⑤找到生殖器官，从子宫体与子宫角连接处剪下（包括卵巢），小心剪除输卵管系膜、卵巢系膜和子宫韧带及其上的脂肪组织，摊放在平皿纱布上。

（3）排卵情况观察。用肉眼或放大镜观察卵巢的发育和排卵情况，凡突出于卵巢表面、半透明者为发育卵泡；下陷、有出血点的为已排卵。记录观察结果。

（4）冲卵。每两个同学冲洗一侧子宫角。取10mL注射器套上7号针头，吸取10mL生理盐水。用镊子取出子宫角和输卵管，轻轻牵拉两头使之平直。将针头插入子宫角与输卵管连接处，缓慢注入冲洗液，将输卵管伞对准表面皿或离心管，让冲洗液流入其中，注完10mL冲洗液后，拔出注射器，再吸取10mL冲洗液，重复冲洗1次。第2次的冲洗液另用一表面皿或离心管接收，不与第1次的冲洗液相混。

3. 卵子检查 直接置表面皿于解剖镜下检卵。镜检时，用手前后左右移动表面皿，仔细观察整个液面，以免遗漏。观察时若有疑似卵细胞的脂肪球及其他细胞团，可用拨针轻轻拨动仔细辨认。观察到卵子的即用吸卵管吸出，放入一凹玻片，用低倍显微镜进行镜检，分辨受精卵、细胞发育阶段、未受精卵和退化细胞，正常受精卵为透明带完整，外形正常，分裂不清楚。

【结果】根据观察结果记录于表3-5-1。

表 3-5-1　观察结果

母兔号数	超排处理方法	右卵巢			左卵巢			卵子检查结果		
		发育卵泡数（个）	破裂卵泡数（个）	冲卵数（个）	发育卵泡数（个）	破裂卵泡数（个）	冲卵数（个）	未受精卵数（个）	受精卵数（个）	退化卵数（个）

任务 2　胚胎生物工程及繁殖新技术

【任务目标】

知识目标

1. 熟悉胚胎移植的方法。

2. 了解胚胎切割、克隆技术。

【相关知识】

一、胚胎移植技术

1. 概念 胚胎移植，又称受精卵移植，俗称人工授胎或借腹怀胎，是指将雌性动物的早期胚胎，或者通过体外受精及其他方式得到的胚胎，移植到另一个同种的、具有相同生理状态的雌性动物体内，使之继续发育为新个体的技术。在胚胎移植过程中，提供胚胎的母畜称为供体；接受胚胎的个体称受体。(图 3-5-3)。国外将常规的胚胎移植常称为 MOET，即超数排卵胚胎移植或多排卵胚胎移植。

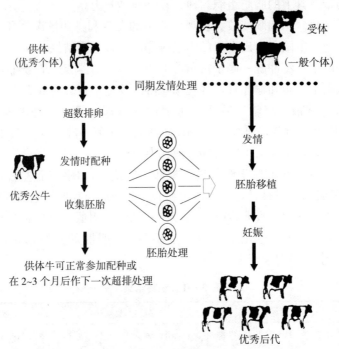

图 3-5-3　牛胚胎移植程序
(耿明杰，1999. 家畜繁殖)

2. 意义

（1）充分发挥优良母畜的繁殖潜力。通过优良母畜的超数排卵可获得更多的优质胚胎，通过移植可缩短其繁殖周期。

（2）缩短家畜世代间隔，加速品种改良及后裔测定。

（3）可诱发单胎动物产双胎或三胎，提高生产效率。

（4）通过冷冻保存胚胎，保存品种资源（基因库）。

（5）代替种畜引进。

（6）有利于防疫和解决一些母畜不孕的问题。

（7）为其他学科提供了研究手段。

3. 胚胎移植的生理学基础

（1）母畜发情后生殖器官的孕向发育。母畜发情后不管是否授精，最初一段时间，卵巢上都有功能黄体存在，此时高水平孕酮使子宫内膜的组织增生、分泌机能增加、生理生化发生特异性变化，为胚胎在此顺利附植创造了良好的条件。

（2）早期胚胎的游离状态。胚胎发育早期有相当一段时间（附植之前）游离于输卵管和子宫腔内，其发育和代谢所需的养分主要依靠其本身所储存的营养物质，同时早期胚胎有透明袋的保护，可以机械性地移位而不受损害。所以，此时的胚胎离开母体后，在短时间内可以存活，并能进行短暂的体外培养，当将胚胎移植到与供体环境相同的受体中，又会继续发育。

（3）母体对胚胎免疫的特殊性。在同一物种内母体对胚胎无排异反应，所以，当胚胎由供体移植到受体时可以存活下来，并能继续发育。当然，移植的胚胎有时候不能成活，除了其他因素外，是否有免疫学上的问题还需要继续研究。

（4）胚胎的遗传特性。受体母畜只是给移入的胚胎提供一个孕育的环境，而遗传性能决定于形成胚胎的公母畜，而不受受体母畜影响。

4. 胚胎移植过程 现以牛的胚胎移植为例，将其过程介绍如下：

（1）供体、受体母牛的选择。供体母牛应选择具有较高的种用价值的优秀品种或个体。受体母牛应具有良好的繁殖性能、健康、能正常妊娠和分娩的普通个体。

（2）供体母牛的超排处理。在供体母牛发情后的第 8～14 天开始超数排卵处理，可一次肌内注射 PMSG 2 500～3 000IU，在注射开始后第 3 天早晚各肌内注射一次氯前列烯醇 0.4mg/次。约 48h 后供体母牛发情。观察到供体牛发情后，进行正常输精。

（3）受体母牛的同期化处理。进行鲜胚胎移植时，供体和受体必须进行发情同期化。要求供体与受体发情时相差不超过 1d。

（4）胚胎的收集。1976 年以前多用外科手术法采收移植胚胎，因手术存在手术粘连等方面的问题，故 1976 年后以后广泛采用非手术法收集胚胎。供体母牛输精后 6～8d，胚胎进入子宫角内发育时，此时胚胎大约发育到桑葚期或囊胚期，利用特制的二通路或三通路冲卵器，将子宫角内的胚胎冲洗出体外。此法简单易行，便于推广，对供体母畜损伤较小，可重复多次利用（图 3-5-4）。

采集胚胎时，将供体母牛保定后，先检查黄体数，在第 2、2 尾椎荐骨之间进行硬

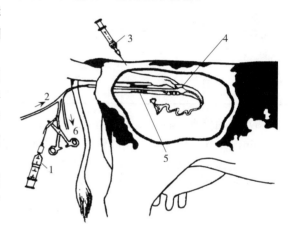

1. 向气囊充气 2. 注入冲卵液 3. 硬膜外腔麻醉
4. 冲卵管在子宫内 5. 子宫颈 6. 接取含胚胎的冲卵液
图 3-5-4 非手术法收集胚胎
（耿明杰，1999. 家畜繁殖）

膜外腔麻醉，用普鲁卡因或利多卡因 2～10mL，肌内注射静松灵 1～1.5mL。青年母牛子宫颈难通过时，可使用扩张棒等机械法或药物帮助通过子宫颈。插入冲卵管，先进入排卵较多一侧的子宫角，钢芯反复引导至大弯前，依子宫大小及冲卵管在子宫内位置的深浅，注入 8～20mL 空气，将固定气球充气以固定冲卵管。采集胚胎时，用约 500mL 冲洗液，每一侧子宫角冲洗5～6 次。前 1～2 次冲洗对胚胎的回收很关键，子宫角不要充得太满，以后液量逐渐增加，每次轻缓地按摩子宫角，力争彻底回收，应回收 90%～100%注入子宫的冲洗液。一侧冲洗结束后，可将冲卵管在子宫内换另一侧，也可用另一根冲卵管插入另一侧子宫角进行冲洗（表 3-5-2）。

表 3-5-2 几种胚胎冲洗液与保存液（mg/L）

成分	布林斯氏液	杜氏磷酸缓冲液（PBS）	合成输卵管液	惠顿氏液	海姆氏液
氯化钠	5 546	8 000	6 300	5 140	7 400
氯化钾	356	200	533	356	285

（续）

成分	布林斯氏液	杜氏磷酸缓冲液（PBS）	合成输卵管液	惠顿氏液	海姆氏液
氯化钙	189	100	190	—	33
氯化镁	—	100	100	—	—
硫酸镁	294	—	—	294	153
碳酸氢钠	2 106	—	2 106	1 900	1 200
磷酸氢二钠	—	1 150	—	—	154
磷酸氢二钾	162	200	162	162	83
葡萄糖	1 000	1 000	270	1 000	1100
丙酮酸钠	56	36	36	36	110
乳酸钠	2 253	—	370	2 416	—
乳酸钙	—	—	—	527	—
氨基酸	—	—	—	—	20 种
维生素	—	—	—	—	10 种
核酸	—	—	—	—	2 种
微量元素	—	—	—	—	3 种
牛血清白蛋白	5 000	不定	不定	3 000	不定

（5）胚胎检查。将收集到的冲洗液（含胚胎）置于量筒中，在 37℃ 恒温环境下，静置约 20min，让其自然沉降，用胶管虹吸抽取上清液，留下底部 100～150mL 冲洗液倒入检卵皿内，在实体显微镜下观察胚胎发育状况，然后将发育正常的胚胎移至装有培养液的另一平皿内，用吸管吸出，装入塑料细管内。装管方法：一般用 0.25mL 塑料细管，三段液体夹二段空气，中段放胚胎，胚胎的位置可稍靠近出口端，以便于推出（图 3-5-5）。

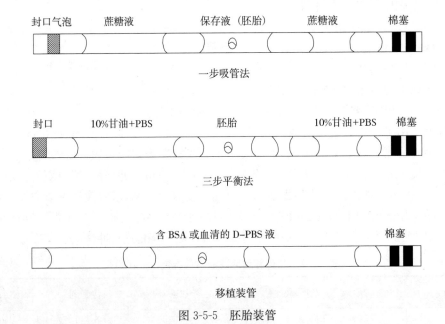

图 3-5-5　胚胎装管

（张嘉保，1999. 动物繁殖学）

（6）胚胎移植操作。移植前先检查受体牛的黄体，黄体的基部充实，一般最大直径处约为 1.5cm，受体母牛麻醉用 1.5～3mL 利多卡因硬膜外腔注射，0.3～1mL 静松灵全身镇静。移植操作时，彻底消毒外阴，分开受体母牛阴唇，插入移植器轻缓地通过子宫颈进入移植侧（黄体侧），移植器行至大弯或更深部位时，缓慢地将胚胎注入。

（7）术后护理。对受体母牛移植胚胎后，为促进胚胎附植，可肌内注射孕酮 100mg、维生素 E 200mg，移植约 2 周后注意观察是否返情，2 个月后可用直肠检查法确定妊娠，妊娠母牛要注意做好妊娠期的管理及接产工作，保证胚胎移植犊牛出生健康。

二、胚胎切割技术

胚胎切割技术是 20 世纪 80 年代发展起来的一项生物工程技术。胚胎切割是指利用机械或化学方法人为地将一个植入前的胚胎分成二、四等或多等份，然后在适宜的条件下进行体外培养，再移植给受体母畜（或不经过培养直接移植），从而获得同卵双胎或多胎的生物学新技术。它是胚胎移植中扩大胚胎来源的一个重要途径，也是胚胎克隆技术的一种，其不仅增加了优秀个体数量，而且用于生产许多同卵双生后代进行试验研究，能排除遗传特异性差异所带来的影响。切割后的胚胎，可移植给同一头（只）母畜，不会产生异性孪生不育的问题。

胚胎切割方法主要有显微镜操作仪切割和徒手切割两种。

1. 显微镜操作仪切割　在操作仪操纵下，对 2～8 细胞胚胎操作，用显微镜操作仪上的玻璃针（或刀片），将每个卵裂球分离。此法成功率高，但是需要购买昂贵的显微镜操作仪。

2. 徒手切割　在实体显微镜下，用自制切割针直接等分切割胚胎，将桑葚胚或囊胚一分为二或一分为四，并把每块细胞团移入空的透明带内，进行移植。本法简单易行，但需要有灵巧而熟练的操作技能。

无论采取哪种方法，切割好的半胚应该完全分离，可分别装入空透明带内，也可不装入透明带，直接进行移植。切割桑葚胚无方向性，囊胚必须沿着等分内细胞团的方向进行切割。

三、胚胎克隆技术

克隆是英文 Clone 的音译，在广义上是指利用生物技术由无性生殖产生与原个体有完全相同基因后代的过程。在生物学上，是指选择性地复制出一段 DNA 序列（分子克隆）、细胞（细胞克隆）或是个体（个体克隆）。

动物克隆是指用特殊的人工方法，使雌性动物的卵子不经过与雄性动物的精子结合受精而单独发育成新个体的特殊繁殖形式，可见克隆与无性繁殖是同义词。通常将所有非受精方式繁殖获得的动物均称为克隆动物。高等哺乳动物的同卵双生是一种自然的克隆。目前人们研究的克隆是人为干预的无性繁殖。此技术发展至今，可用胚胎细胞或体细胞进行克隆而获得个体。具体的克隆大致可分为细胞核移植和胚胎切割 2 种。通常人们所谓的哺乳动物克隆是指前一种，并且也获得了很多克隆动物。

克隆技术的设想最早由德国胚胎学家 1938 年提出，但直到 1997 年，人类才第 1 次用成年哺乳动物的体细胞克隆成功。1997 年 2 月 22 日，英国罗斯林研究所的科学家维尔穆特等人用绵羊乳腺上皮细胞克隆绵羊"多利"获得成功。2017 年 11 月 27 日，世界上首个体细胞克隆猴"中中"在中国科学院神经科学研究所脑科学与智能技术卓越创新中心的非人灵长类平台诞生；2017 年 12 月 5 日第 2 个克隆猴"华华"诞生，该成果标志中国率先开启了以体细胞克隆猴作为实验动物模型的新时代，实现了我国在非人灵长类研究领域由国际"并跑"到"领跑"的转变。

克隆的基本过程是先将含有遗传物质的供体细胞的核移到去除了细胞核的卵细胞中，利用微电流刺激使两者融为一体，然后促使这一新细胞分裂繁殖发育成胚胎，当胚胎发育到一定程度后，再植入到动物子宫中使其妊娠。

克隆技术被誉为"一座挖掘不尽的金矿"，它在生产实践中具有重要的意义和巨大的经济价值。首先，在动物杂种优势利用方面，较常规方法而言：费时少，选育的种畜性状稳定；其次，克隆技术在抢救濒危物种、保护生物多样性方面可发挥重要作用。在医学研究方面，利用克隆技术培育器官，避免了排异性，提高了安全性且可以保证大量供应。

四、体外受精技术

体外受精是指哺乳动物的精子和卵子在体外人工控制的环境中完成受精过程的技术。英文简称为 IVF。由于它与胚胎移植技术（ET）密不可分，又简称为 IVF-ET。在生物学中，把体外受精经培植的胚胎移植到母体后获得的后代称为试管动物。这项技术成功于 20 世纪 50 年代，在最近 20 年发展迅速，现已日趋成熟而成为一项重要而常规的动物繁殖生物技术。

体外受精的意义在于：在养牛业中利用体外生产胚胎技术，可用奶牛生产肉用犊牛；用经性别鉴定的体外雄性肉牛胚胎移植产双犊；利用高价值供体牛采用活体取卵的方法生产胚胎；用意外死亡或屠宰的优秀母牛的卵巢生产胚胎，拯救遗传资源。

体外受精的技术过程包括卵母细胞成熟、精子获能、卵母细胞受精和受精后的体外胚胎培养。

体外受精卵子的来源：一是屠宰场取卵，从屠宰场采集卵巢保存在 $30 \sim 35 ℃$，运回实验室，吸取 $2 \sim 6 mm$ 直径的卵泡；二是活体取卵母细胞，20 世纪 80 年代末 90 年代初采用活体取卵技术。用上述方法采集的卵细胞在显微镜下检查，选择卵丘细胞完整、形态良好的卵母细胞在 $39 ℃$、$5 ‰$ CO_2 的组织培养液中进行 24h 成熟培养。将获能后的精子与卵母细胞置于受精液 Tyrode 中进行受精形成胚胎。

五、胚胎的性别鉴定技术

胚胎的性别鉴定技术是采用某些特定的方法对早期胚胎的性别做出判定的生物工程技术。胚胎性别鉴定的方法有染色体分析、Y 染色体特异性 DNA 探针、检测性染色质、测定 H-Y 抗原和荧光原位杂交等方法。前两种方法较为常见。

1. 染色体分析法　它是通过取少量胚胎细胞，通过染色体核型分析鉴定性别，此法结果准确，但耗时长，操作复杂，现多采用 PCR 扩增雄性特异性 DNA 探针法。

2. Y 染色体特异性 DNA 探针法　它是用 Y 染色体上的特异性片段或 *SRY* 基因作为 DNA 探针，通过 PCR 扩增的方法测定胚胎样品，鉴定性别，动物的胚胎性别分化取决于 Y 染色体上是否存在雄性决定基因，如果这个片段可复制而且具有雄性特异性，可判定为雄性。此法具有省时，灵敏度高，特异性专一等优点，应用前景广阔。

目前在商业化应用中鉴别胚胎性别的主要方法是 Y 染色体特异性 DNA 探针和染色体分析法。随着动物胚胎移植技术的普及，用 Y 染色体特异性片段的 PCR 法鉴别性别方法的应用会日益广泛。

六、胚胎的性别控制技术

哺乳动物的性别是由精子中的性染色体类型决定的。雌性动物产生带 X 性染色体的卵子，雄性动物产生带 X、Y 两种染色体的精子，当 X 型精子与卵子受精则形成雌性胚胎，Y 型精子与卵子结合则形成雄性胚胎。X 型精子和 Y 型精子在 DNA 含量、大小、比重、体积、精子活力、膜电荷、酶类、细胞表面、移动速度、抵抗力上等均有差异，根据这些差异，设计了许多分离方法，试图将两类精子分开，达到控制后代性别比例的目的。

哺乳动物的性别控制（Sex Control，SC）技术是通过对动物的正常生殖过程进行人为干预，使成年雌性动物产出人们期望性别后代的一项生物技术。性别控制技术在畜牧生产中意义重大。首先，通过控制后代的性别比例，可充分发挥受性别限制的生产性状（如泌乳）和受性别影响的生产性状（如生长速度、肉质等）的最大经济效益。其次，控制后代的性别比例可增加选种强度，加快育种进程。

性别控制在畜牧业生产中具有重要的经济价值，在养牛生产中，通过控制性别，乳用牛可以从优秀母牛得到更多的后备母牛；肉用牛可为产肉生产更多的公犊；可避免牛多胎时的异性孪生不育等。性别控制主要通过两个途经达到：①受精前 X、Y 精子的分离；②胚胎移植时鉴定胚胎的性别。

精子分离法是最理想的性别控制方法。目前其分离方法有：①流式细胞仪法：将精子用 DNA 的特异染色剂染色后，根据发出的荧光强度测定 DNA 的含量来分离 X、Y 精子，分离准确率可达 80%～90%。研究表明：分离后的精子受精率和妊娠率都较低。②X 精子抗体吸附法，此法分离后的精子不受损害。③自由流动电泳法：根据 X、Y 精子表面所带电荷的差异用电泳法分离 X、Y 精子。④薄层反流分布法。⑤H-Y 抗原法。

胚胎的性别鉴定和胚胎的切割技术是胚胎性别控制的有效措施。

【知识拓展】

2002 年 1 月 18 日，我国第 1 只本土克隆牛"委委"在著名的畜牧生产基地山东省曹县出生。这次利用我国的胚胎生产和移植技术成功繁殖成活体细胞移植克隆牛，表明我国克隆胚胎工程技术体系的综合能力达到了世界先进水平。

我国第 1 头克隆牛"委委"在山东曹县出生

2006 年 2 月 13 日 11：20，广西水牛研究所的一头杂交母水牛顺利地产下了经分离 XY 精子性别控制的雌性水牛双犊，这在全世界尚属首例。分离水牛 XY 精子的准确率可达 90% 以上。

世界首例分离 XY 精子性别
控制试管水牛在广西诞生

世界上首只体细胞克隆猴"中中"于2017年11月27日诞生，不久后第2只克隆猴"华华"诞生。国际权威学术期刊《细胞》以封面文章形式在线发布该成果。克隆猴的诞生，象征着中国成为世界范围内生物克隆技术领域的领跑者，同时也展现出我国强大的创新潜力。

克隆猴"中中"和"华华"在中科院
神经科学研究所非人灵长类平台出生

2019年1月23日，中国科学院脑科学与智能技术卓越创新中心（神经科学研究所）、上海脑科学与类脑研究中心研究团队对外宣布，通过体细胞克隆技术，成功获得了5只BMAL1基因敲除的克隆猴。这是国际上首次成功构建一批遗传背景一致的生物节律紊乱猴模型，意味着克隆基因编辑猴技术由此从理论层面迈向了实践层面，中国正式开启了批量化、标准化创建疾病克隆猴模型的新时代。

中国创建世界首例生物节律紊乱体细胞克隆猴模型

【观察思考】

　　为了更好地把握母畜同期发情的方法，可在教师或技术员的指导下，到猪场了解母猪的发情特点，然后根据猪场的生产规模拟订一个配种方案。（要求：每月产仔窝数基本一致）

【信息链接】

　　为了巩固知识和了解更多的相关内容，可以阅读以下一些书籍和浏览相关网站：

　　1. 相关书籍与报刊　《中国畜牧兽医杂志》《中国畜牧兽医学报》《中国畜牧兽医文摘》《养殖技术顾问》《现代农业》。

　　2. 相关网站　中国畜牧兽医信息网、中国农业大学动物科学院网站、中国农业科学院畜牧兽医研究所网站、中国应用技术网。

 自 我 测 试

一、名词解释

1. 同期发情　2. 诱导发情　3. 超数排卵　4. 诱导分娩　5. 胚胎移植

二、选择题

1. 供、受体母牛选择好后，要用激素进行同期发情处理的原因是（　　）。

　　A. 防止受体牛不愿意接受胚胎

　　B. 只有受体与供体的生理状态相同，被移植的胚胎才能继续正常发育

　　C. 为了省时省力，同期发情节约时间

　　D. 同期发情处理后，卵细胞和精子受精结合能力强

2. 下列有关动物胚胎移植的叙述中，错误的是（　　）。

　　A. 受孕母畜体内的早期胚胎呈游离状态，能够移植

　　B. 受体母畜必须处于与供体母畜同期发情的状态

　　C. 超数排卵技术要使用一定的激素

　　D. 试管婴儿的受精及胚胎发育过程在试管内完成

3. 胚胎移植能否成功，与供体和受体的生理状况有关。下面除哪一项外，使胚胎移植成功成为可能？（　　）

　　A. 供、受体的生殖器官的生理变化相同

　　B. 早期胚胎与母体子宫建立组织上的联系

　　C. 母体对植入的胚胎不发生免疫反应

　　D. 母体对移入胚胎遗传特性没有影响

4. 进行胚胎切割时，应选择发育良好，形态正常的（　　）。

　　A. 受精卵　　　　　B. 原肠胚　　　　　C. 胚胎　　　　　D. 桑葚胚或囊胚

5. 下面对胚胎分割技术的叙述，不正确的是（　　）。

　　A. 胚胎分割技术是以细胞全能性为基础的

　　B. 二分胚分割技术可以产生同卵双胎

　　C. 对囊胚的分割一定要保证内细胞团均等分割

　　D. 对分割后胚胎都要转移到空的透明带

6. 华南虎是国家一级保护动物，可采用试管动物技术进行人工繁殖，该技术包括的环节有（　　）。

　　①转基因　　②核移植　　③体外受精　　④体细胞克隆　　⑤胚胎移植

　　A. ①③　　　　　　B. ①④　　　　　　C. ②⑤　　　　　　D. ③⑤

7. 一对夫妇因不孕症向医生求助，医生利用试管婴儿技术帮助他们拥有了自己的孩子。在培育试管婴儿的过程中，下列技术中不是必须使用的是（　　）。

　　A. 体外受精　　　　　　　　　　　　B. 胚胎的体外培养

　　C. 植入前胚胎的遗传学检测　　　　　D. 胚胎移植

8. 20 世纪 70 年代以来，生物科学的新进展、新成就如雨后春笋，层出不穷。为了解决不孕症，1978 年诞生了世界上第 1 例"试管婴儿"。1997 年第 1 只克隆动物"多利"问世，证明了高度分化的动物体细胞的细胞核仍然具有全能性。试管婴儿和克隆动物的生殖方式是（　　）。

　　A. 都属于有性生殖　　　　　　　　B. 前者属于有性生殖，后者属于无性生殖

　　C. 都属于无性生殖　　　　　　　　D. 前者属于无性生殖，后者属于有性生殖

9. 哺乳动物的体外受精主要包括哪些主要的步骤？（　　）

　　①卵母细胞的采集　②卵细胞的采集　③精子的获取　④受精　⑤初级精母细胞的获取

　　A. ①②③　　　　　　B. ②③④　　　　C. ①③④　　　D. ②④⑤

10. 超数排卵的做法正确的是（　　　）。

　　A. 口服促性腺激素　　　　　　B. 注射促性腺激素

　　C. 口服或注射促性腺激素　　　D. 以上方法均不正确

三、简答题

1. 胚胎移植技术的意义有哪些？

2. 简述克隆的基本过程。

项目六

畜禽的繁殖力

【项目任务】

1. 理解繁殖力的含义。
2. 掌握表示繁殖力的主要指标以及常见畜禽的正常繁殖力。
3. 熟悉生产中常见的繁殖障碍及其处理措施。
4. 了解提高繁殖力的主要措施。

任务1　畜禽繁殖力概述

【任务目标】

知识目标

1. 掌握畜禽繁殖力的概念。
2. 正确理解和运用常用的繁殖力评价指标。
3. 熟悉各种家畜的正常繁殖力。
4. 理解影响畜禽繁殖力的常见因素。

技能目标

1. 能根据公式计算畜禽的各项繁殖力指标。
2. 能够初步统计和评价畜禽某年度或阶段的繁殖力。

【相关知识】

一、畜禽繁殖力的概念

畜禽繁殖力是指畜禽维持正常繁殖机能、生育繁衍后代的能力。对于种畜来讲，繁殖力就是它的生产力。家畜繁殖力的高低直接关系到畜牧业生产水平及企业的经济效益，特别是母畜的繁殖力，更为人们所关注。

畜禽繁殖力的高低，除与繁殖方法、技术水平、管理因素有关以外，公母畜禽本身的生殖生理状况起着决定性的作用。因此，种公畜禽的精液数量、质量、性欲、交配能力及利用年限，母畜的性成熟早晚、发情表现的强弱、繁殖周期的长短、排卵的多少、卵子受精能力、妊娠时间、产后哺乳性能及护仔性等都是影响繁殖力的重要因素。

二、家畜繁殖力的评价指标

不同的家畜，繁殖规律不同，饲养管理条件不同，表示繁殖力的指标也不相同。目前国内通常采用受胎率、情期受胎率、繁殖率等指标来表示家畜的繁殖力。

1. 发情率　发情率是指一定时间内发情母畜数占可繁殖母畜数的百分率。主要用于评定某种繁殖技术或某项管理措施对诱导发情的效果（人工发情率）以及畜群自然发情的机能（自然发情率）。如果畜群乏情率（不发情母畜占可繁母畜的百分比）高，则发情率低。

$$发情率 = \frac{发情母畜数}{可繁母畜数} \times 100\%$$

2. 配种率　配种率是指在本年度内参加配种的母畜数占畜群内适繁母畜数的百分率。主要反映畜群内适繁母畜的发情情况和配种管理水平。

$$配种率 = \frac{参加配种母畜数}{适繁母畜数} \times 100\%$$

3. 受胎率　受胎率是指在一定时期内配种后妊娠母畜数占参加配种母畜数的百分率。主要反映配种质量和母畜的繁殖机能。常用以下几种表示方法：

（1）总受胎率。指本年度内妊娠母畜数占参加配种母畜数的百分率。一般在每年配种结束后进行统计，并将患有严重生殖系统疾病和中途失配的个体排除。

$$总受胎率 = \frac{妊娠母畜数}{配种母畜数} \times 100\%$$

（2）情期受胎率。指妊娠母畜数占配种情期数的百分率。可按月份、季度或年度进行统计，可以反映母畜发情周期的配种质量，并能较快地发现畜群的繁殖问题。

$$情期受胎率 = \frac{妊娠母畜数}{配种情期配种数} \times 100\%$$

（3）第一情期受胎率。指第一情期配种后的妊娠母畜数占第一情期配种母畜数的百分率。

$$第一情期受胎率 = \frac{第一情期配种的妊娠母畜数}{第一情期配种母畜数} \times 100\%$$

（4）不返情率。指在配种后一定期限内，不再发情的母畜数占参加配种母畜数的百分率。由于个别母畜虽未妊娠，一个情期后仍无发情表现，所以配种后 30～60d 的不返情率往往高于实际受胎率 7% 左右。随着配种后时间的延长，不返情率逐渐的接近实际受胎率。

$$Xd 不返情率 = \frac{配种后 Xd 不再发情的母畜数}{配种母畜数} \times 100\%$$

4. 分娩率　分娩率是指本年度内分娩母畜数（不包括流产母畜数）占妊娠母畜数的百分率。可反映维护母畜妊娠的质量。

$$分娩率 = \frac{分娩母畜数}{妊娠母畜数} \times 100\%$$

5. 产仔率　产仔率是指分娩母畜的产仔数占分娩母畜数的百分率。

$$产仔率 = \frac{产出仔畜数}{分娩母畜数} \times 100\%$$

6. 窝产仔数　窝产仔数是指猪、兔、犬、猫等多胎动物平均每胎的产仔总数（包括死胎和木乃伊胎），是评定多胎动物繁殖性能的重要指标，反映多胎动物的多产性。

7. 产羔率 产羔率主要用于羊，指产活羔羊数占参加配种母羊数的百分率。

$$产羔率 = \frac{产活羔羊数}{参加配种母羊数} \times 100\%$$

8. 产犊间隔 产犊间隔是指母牛两次产犊所间隔的天数。常用平均天数表示。奶牛适宜的产犊间隔应为 365d。

9. 牛繁殖效率指数 牛繁殖效率指数直接与参加配种和犊牛断乳前死亡的母牛数有关，可以反映不同牛群的管理水平。

$$母牛繁殖效率指数 = \frac{断乳成活犊牛数}{参配母牛数 + 从配种到犊牛断乳前死亡母牛数}$$

10. 成活率 成活率一般指断乳成活率，即在本年度内断乳时成活的仔畜数占出生时活仔畜数的百分率。主要反映母畜的泌乳力和护仔性及饲养管理成绩。

$$成活率 = \frac{断乳时成活的仔畜数}{出生时活仔畜数} \times 100\%$$

11. 繁殖成活率 繁殖成活率是指本年度内成活仔畜数（不包括死胎及出生后死亡的仔畜）占上年度终适繁母畜数的百分率。该指标可以反映畜群发情、配种、受胎、妊娠、分娩、哺乳等生殖活动机能及管理水平，是衡量繁殖效率最实际的指标。

$$繁殖成活率 = \frac{本年度内成活仔畜数}{上年度终适繁母畜数} \times 100\%$$

三、家禽的繁殖指标

1. 种蛋合格率 种蛋合格率是指种母禽在规定的产蛋期内（鸡、鸭在 72 周龄内，鹅在 70 周龄内或利用多年的鹅以生物学产蛋年计）所产符合本品种、品系标准要求的种蛋数占产蛋数的百分率。一般要求种蛋合格率应达到 98% 以上。

$$种蛋合格率 = \frac{合格种蛋数}{产蛋总量} \times 100\%$$

2. 受精率 受精率是指第 1 次照蛋淘汰无精蛋后剩下的受精蛋数占入孵蛋数量的百分率。

$$受精率 = \frac{受精蛋数}{入孵蛋数} \times 100\%$$

3. 孵化率 孵化率分受精蛋孵化率和入孵蛋孵化率两种，分别指出雏数占受精蛋数或入孵蛋数的百分率。

$$受精蛋孵化率 = \frac{出雏数}{受精蛋数} \times 100\%$$

$$入孵蛋孵化率 = \frac{出雏数}{入孵蛋数} \times 100\%$$

4. 育雏率 育雏率指育雏期末成活雏禽数占入舍雏禽数的百分率。

$$育雏率 = \frac{育雏期末雏禽数}{入舍雏禽数} \times 100\%$$

5. 平均产蛋量 全年平均产蛋量是指家禽在一年内平均产蛋枚数。

$$全年平均产蛋量（枚） = \frac{全年总产蛋数}{总饲养日/365}$$

6. 产蛋率 产蛋率指母禽在统计期内的产蛋百分率。

$$饲养日产蛋率 = \frac{统计期内总产蛋数}{实际饲养日母禽只数的累加数} \times 100\%$$

$$入舍母禽产蛋率 = \frac{统计期内的总产蛋数}{入舍母禽数 \times 统计日数} \times 100\%$$

四、家畜的正常繁殖力

家畜的正常繁殖力是指在常规的饲养管理条件下，生理机能正常的家畜所能达到的繁殖水平。各种家畜的正常繁殖力主要取决于家畜每次妊娠的胎儿数、妊娠期的长短和产后第 1 次发情配种的时间等。一般妊娠期长的家畜繁殖率低于妊娠期短的家畜，单胎家畜繁殖率低于多胎家畜。通常在一个家畜群体中总有部分个体的生理机能发生某些改变，使群体的繁殖力不能完全发挥出来。运用现代繁殖技术所提高的家畜繁殖力称为繁殖潜能。

1. 牛的繁殖力 牛属单胎动物，产双胎的比例很低。母牛的妊娠期平均 282d，多在产后 45～60d 配种，所以一年只能产一胎。由于饲养管理条件、繁殖技术和环境等原因，各地牛的繁殖力差异很大。据统计，我国奶牛的繁殖水平，一般成年母牛的情期受胎率为 40%～60%，第一情期受胎率 55%～70%，年总受胎率 75%～95%，分娩率 93%～97%，年繁殖率 70%～90%，流产率 3%～7%，母牛年产犊间隔 13～14 个月，双胎率为 3%～4%。我国南方农区水牛，一般为 3 年 2 胎，即繁殖率为 60%～70%，而牦牛的繁殖率仅为 30% 左右。

2. 猪的繁殖力 猪为多胎动物，每次妊娠可产多头仔猪，繁殖率很高。猪的妊娠期平均 114d，一般仔猪断乳后 7～10d 配种，每年可产 2.2～2.3 窝。猪的情期受胎率一般在 75%～80%，总受胎率可达 85%～90%，繁殖年限 8～10 岁。

猪的繁殖力受品种、胎次、年龄等因素影响很大。如太湖猪平均每窝产仔 14～17 头，个别可达 25 头以上；哈白猪平均每窝产仔 12.5 头，长白猪则为 11.4 头等。

3. 羊的繁殖力 羊的繁殖力因品种、气候条件、饲养管理的不同而有差异。在高纬度和高原地区繁殖率较低，一般 1 年 1 胎，产单羔；在低纬度及饲养管理条件较好的地区，可产双羔或更多。绵羊大多 1 年 1 胎或 2 年 3 胎，繁殖率较强的湖羊、小尾寒羊有时可在一年内产 2 胎，双羔、三羔的比例也很高。山羊繁殖率比绵羊高，每年产 1～2 胎，多为双羔和三羔。

4. 马的繁殖力 马的繁殖力因遗传因素、环境因素和使役情况的不同而有很大的差异。一般来说，马的繁殖力比其他家畜要低。母马的发情期平均为 21d，且有明显的季节性发情特征。妊娠期平均 337d。马属单胎动物，产双胎的比例很低。一般情况下，不易做到适时配种，且易发生流产，故而降低了繁殖力。但是，公马的精子在母马生殖道内存活时间比其他家畜长，从而弥补了以上不足。马的情期受胎率一般为 50%～60%，全年受胎率为 80% 左右。由于流产现象较多，实际繁殖率为 50% 左右。

5. 兔的繁殖力 兔的特点是性成熟早、妊娠期短、产仔数多，繁殖力强。一年可繁殖 4～6 胎，繁殖年限 3～4 年。家兔一般四季都可以繁殖，但受胎率受季节的影响很大，春季受胎率高达 85% 以上、7—8 月份受胎率仅有 30%～40%，高温对精液的品质和胚胎发育影响较大。母兔妊娠期平均为 30d，1 胎产仔 6～8 只，高的可达 14～16 只，断乳成活率为

$60\%\sim80\%$。

6. 犬的繁殖力 犬的性成熟受品种、环境、气候、营养和管理水平的影响较大。一般情况下，小型犬性成熟早，8～12月龄达到性成熟；大型犬性成熟晚，12～18月龄达到性成熟。犬每年可发情1～2次，有少数全年都可发情，因品种而异。妊娠期为54～69d，平均为62d。

7. 猫的繁殖力 母猫性成熟后就出现周期性发情。猫属于季节性多发情的动物，每次发情持续3～7d，在发情的季节中约每隔两周就发一次情，并大多集中在2—4月份及7—9月份。猫的妊娠期一般为52～71d，平均58d。每胎产仔数为1～6只，平均为4只。

五、影响繁殖力的因素

1. 遗传因素 遗传因素对家畜繁殖力的影响较为明显，不同的家畜、同种家畜的不同品种及个体的繁殖力均存在差异。如牛、马属单胎动物，在一个发情周期中只排1个卵，排2个卵以上者极少。母猪排卵数较多，存在显著的种间差异。一般来说我国地方品种猪的繁殖性能明显高于外国品种猪，特别是太湖猪，性成熟早、排卵多、产仔多，已被多国引种以提高其本国猪种繁殖力。

2. 环境因素 日照长度的改变对季节性发情的动物影响很大。长日照动物（如马、驴）的繁殖季节一般从春季开始。如春季日照逐渐加长，促使母马发情，公马的精液量也上升。短日照动物（如绵羊）的繁殖季节则从秋季日照逐渐缩短时开始。这些情况对于高寒地区和放牧的动物尤为明显。

温度对家畜的繁殖力影响也很大。高温能降低公畜禽的精液品质和性欲，可使母畜的发情受到抑制，降低受精卵和胚胎存活率。在妊娠后期高温可使死胎增多，窝重减小等。

3. 营养因素 营养也是影响家畜繁殖力的重要因素。饲料中各种营养物质，如蛋白质、维生素A和维生素E、矿物质（如钙、磷、铜、锰、硒等）均会影响繁殖力。蛋白质长期缺乏，会使母畜卵巢和子宫发育受阻，不表现发情症状；胎衣不下、难产等产科疾病发病率提高，泌乳力下降。公畜蛋白质缺乏（特别是在配种季节，精液消耗量很大时）会使精液品质显著下降，密度减少、精子活力降低。公畜缺乏维生素E，会使睾丸萎缩，精子异常；母畜缺乏维生素E常导致卵巢功能下降，不孕、流产或死胎增多。缺钙易出现产后瘫痪。公猪缺硒，可使睾丸曲细精管发育不良，精子减少，明显影响繁殖性能。

饲料中能量水平过高，家畜过于肥胖也会影响繁殖力。公畜肥胖会致精液品质下降、性欲及交配能力低下；母畜肥胖会使卵泡发育受阻，影响排卵和受精，受胎率明显下降，胚胎死亡率增高，护仔性减弱。

饲料中的有毒有害物质会影响精液品质和胚胎发育。如棉籽饼中的游离棉酚可使精细管发育受阻而引起公畜不育，也使母畜受胎率和胚胎成活率降低。此外，饲料生产、加工、运输和贮存过程中也可能混入对动物繁殖性能有毒有害的物质。例如，饲料原料中残存的农药和除草剂、加工不当导致毒物（如亚硝酸盐）混入、储藏过程中饲料发生霉变等，均对精液品质和胚胎发育造成不同程度的不利影响。如母猪采食发生霉变的饲料后也会引起母猪繁殖障碍，影响繁殖力。霉菌毒素是饲料发霉后产生的一种有毒代谢产物，在玉米的生长过程中、饲料的运输、加工、贮存过程中都可以产生。目前已知的霉菌毒素有350多种，最常见的主要有黄曲霉毒素、玉米赤霉烯酮等，有的霉菌毒素具有雌激素的作用，会引起母猪假发情，还会打破母猪正常的繁殖规律，导致母猪出现卵巢萎缩、不孕、返情、阴道炎等。

4. 疾病 家畜某些先天性疾病如隐睾、睾丸发育不良、阴囊疝、生殖器官畸形以及染色体嵌合等均会引起不育和不孕。某些传染病（如布鲁氏菌病），生殖器官感染（如子宫内膜炎、阴道炎、睾丸炎等）也是影响繁殖力的重要原因。

5. 管理因素 饲养管理不但影响畜禽的健康，还会影响生产和繁殖性能。如发情鉴定不准、配种时机不当、妊娠母畜管理不善（惊吓、跌倒、饲喂冰冻饲料等）、分娩时护理不及时等情况均会降低繁殖力。因此，良好的管理是保证家畜繁殖力充分发挥的前提，而利用繁殖新技术提高家畜繁殖率则是畜牧生产中极为重要的一环，现代繁殖育种技术与饲养管理技术、饲料营养技术、畜禽环境科学、兽医防疫技术等一起构成现代畜禽养殖技术体系。

【知识拓展】

如果想了解更多有关畜禽繁殖力方面的知识，可以阅读以下相关文章，并浏览相关网站：

1. 相关文章 《家畜繁殖的影响因素研究》（《中国畜牧兽医文摘》，2016 年 09 期）。

2. 相关网站 中国畜牧网。

【观察思考】

选择一个或几个养殖场进行动物繁殖力情况调查，看看与正常繁殖力符合情况。

任务 2 动物的繁殖障碍及处理措施

【任务目标】

知识目标

1. 熟悉公畜的主要繁殖障碍类型。

2. 了解母畜的主要繁殖障碍及表现。

技能目标

能正确分析家畜繁殖障碍的原因，提出合理处理措施和治疗方案。

【相关知识】

家畜的繁殖障碍是指家畜生殖机能紊乱和生殖器官畸形以及由此引起的生殖活动异常现象，如公畜性无能、精液品质低下或无精；母畜乏情、不排卵、胚胎死亡、流产和难产等。繁殖障碍也可称不育或不孕。一般公畜达到配种年龄不能正常交配，或者精液品质不良，不能使母畜受孕，均可认为是不育；母畜达到适配年龄或产后长期不发情或虽然发情但经过 3 个情期配种仍不受孕，均可视为不孕。繁殖障碍可以降低家畜的繁殖力，尤其种公畜不育有可能造成大批母畜不孕，损失更大，在生产中必须充分重视并认真解决。有些繁殖障碍是可逆的，通过改善饲养管理或采取相应的治疗措施可以恢复繁殖机能；有些繁殖障碍则是永久性的，无法治愈或恢复。

一、公畜的繁殖障碍及处理措施

1. 先天性繁殖疾病

（1）隐睾。睾丸原位于腹腔内肾脏的两侧，在胎儿期的一定时期，由腹腔下降于阴囊。但有时由于胎儿腹股沟管狭窄或闭合，一侧或两侧睾丸并未下降于阴囊，即形成隐睾。隐睾因睾丸位于腹腔，在公畜出生后发育受阻，不仅体积小，而且内分泌机能和生精机能均受到影响，甚至不产生精子。单侧隐睾尚有一定生育能力，精液中精子密度较低；双侧隐睾则完全丧失繁殖力，精液中只有副性腺分泌液而无精子。隐睾发生率以猪最高，可达 1%～2%，牛为 0.7%，犬为 0.5%～1%。

处理措施：凡隐睾的公畜都不能留作种用。

（2）睾丸发育不全。睾丸发育不全指精细管生殖层的不完全发育，睾丸外观变化一般不明显，有时较小，发生于单侧或两侧睾丸。大多数是由隐性基因引起的遗传疾病或非遗传性的染色体组异常所致，性成熟前缺乏营养也可以导致睾丸发育阻滞。睾丸发育不全的公畜多不能产生正常精子，有的虽有正常精子，但精液质量差。

处理措施：对睾丸发育不全的公畜应及时淘汰，如果是遗传因素引起的还应淘汰其同胞。

2. 性机能障碍　引起性机能障碍的原因很多，如公畜受到惊吓、过肥或过瘦、采精场所随意更换、环境条件的突然变化、配种或采精人员行为粗暴、交配或采精次数过频、肢蹄或后躯疾病等均可导致公畜性欲缺乏或交配障碍。表现为交配时不射精、阴茎不能勃起、对母畜反应冷淡、不能爬跨等。性机能障碍是公畜常见的繁殖障碍，公马和公猪较多见，其他动物也有发生。

处理措施：对发生性机能障碍的公畜应暂停配种，根据原因采取适当措施。由于饲养管理不良引起的，应及时改善饲养管理措施（如改善环境条件、避免过冷过热，改善饲料品质、均衡营养，改善采精环境及技术等）；由于疾病而继发的，应针对原发病（如蹄部腐烂、四肢外伤、后躯或脊柱关节炎等）进行治疗；由于遗传原因引起的，应及时淘汰。

3. 精液品质不良　精液品质不良是指公畜射出的精液达不到母畜受胎所要求的标准，主要表现为无精、少精、死精、畸形精子超标、精子活力不强以及精液中混有血液、脓汁、尿液等。

处理措施：引起精液品质不良的因素十分复杂，包括饲养管理不当、饲料中缺乏蛋白质和维生素、生殖内分泌失调、病原微生物感染、环境恶劣（如高温、高湿）、采精过频等。治疗时应首先找出发病原因，针对不同原因采取相应措施。

4. 生殖器官疾病

（1）睾丸炎和附睾炎。睾丸炎和附睾炎通常由机械性损伤和病原微生物感染所引起。引起睾丸炎的病原微生物主要有布鲁氏菌、结核杆菌、化脓性球菌、放线菌等。另外，衣原体、支原体以及某些病毒也可引起睾丸感染。附睾和睾丸紧密相连，常同时感染或相继感染。发病时睾丸肿胀、发热、疼痛，病畜步态拘谨小心，拒绝爬跨，严重时有精神沉郁、体温升高等全身症状。慢性睾丸炎的睾丸组织纤维化，睾丸变硬变小。

处理措施：睾丸和附睾发生炎症时，产生精子的能力受到严重影响，应停止配种或采精，全身使用抗菌药物，局部涂擦鱼石脂软膏、复方醋酸铅散等方法治疗。久治不愈者应及时淘汰。

（2）精囊腺炎。精囊腺炎可以由细菌、病毒、衣原体和支原体感染引起，主要经泌尿生殖道上行引起感染。急性的可出现全身症状，如食欲减退，运步谨慎，排粪时疼痛，直肠检查可发现精囊腺显著肿大，有波动感，慢性的则腺壁变厚。精液颜色呈现混浊黄色，常混有脓汁凝块或碎片，精子死亡。

处理措施：病畜精液可引起配种母畜发生子宫内膜炎、子宫颈炎，并诱发流产。发现病畜应停止配种和采精，用抗菌药物治疗。

（3）包皮炎。牛、绵羊、犬等常发生阴茎和包皮感染，马偶见，而猪和猫则很少发生。最常见的是无临床症状的包皮腔内亚临床感染。严重的龟头包皮炎引起疼痛、不愿交配、包皮狭窄、阴茎和包皮粘连及阴茎周围粘连。牛、羊多是由于包皮腔中的分泌物腐败分解造成。发病时表现为包皮和阴茎的游离部水肿，疼痛，严重的发生溃疡甚至坏死。

处理措施：治疗以预防感染、防止粘连和避免各种继发性损伤为主。

（4）公猪憩室溃疡。公猪包皮前腔背侧有一个包皮盲囊，也称为憩室，它与包皮前腔有一通道而无明显分隔。憩室内潴留有尿液、精液、脱落的上皮细胞和多种细菌，有臭味。在异常情况下憩室黏膜可出现炎症和出血性溃疡。发病时，包皮前腔背侧肿大、触摸有热痛感。诊断时注意与阴茎头包皮炎和阴茎损伤引起的肿胀和感染区分。

处理措施：一般可全身使用抗生素，结合局部冲洗进行保守治疗。手术切除憩室需要全身麻醉并配合局部麻醉。术后要使用抗菌药物防止感染。

（5）前列腺疾病。主要是前列腺炎，还可能发生前列腺过度发育、前列腺鳞状组织化、前列腺癌瘤等前列腺疾病，牛、猪临床上很少见，但犬发生较多。

处理措施：前列腺炎治疗可用较高浓度的广谱抗菌药治疗，常用的是红霉素等。前列腺过度发育采用小剂量雌激素疗法。前列腺鳞状组织化，治疗时要消除过量雌激素的来源，最好采用手术去势治疗。

二、母畜的繁殖障碍及处理措施

1. 先天性不育　母畜先天性不育常见几种：

（1）生殖器官畸形。各种家畜均有可能发生不同程度的生殖器官畸形，常见的有输卵管伞与输卵管或输卵管与子宫角连接处不通，缺乏子宫角或子宫角纤细，子宫颈异常等。某些生殖器官畸形的母畜，具有正常的发情周期和发情表现，但配种后难以受孕。

（2）雌雄间性。雌雄间性是指动物同时具有雌雄两性的部分生殖器官，包括真雌雄间性和假雌雄间性。如果某一个体的生殖腺一侧为卵巢，另一侧为睾丸，称为真雌雄间性，多见于猪和山羊。性腺为某一性别，而生殖道属于另一性别的个体称为假雌雄间性。

（3）异性孪生。异性孪生不育主要发生于异性孪生的母犊，大约有95%不育，公犊正常。主要表现为不发情、阴门狭小、阴道短小、阴蒂较长、子宫发育不良或畸形、卵巢极小、乳房极不发达。

（4）种间杂交。在家畜中，一些亲缘关系较近的种间杂交虽能产生后代，但其后代往往无生殖能力。如马和驴的杂交后代为骡，骡虽有生育的报道，但极为少见。

处理措施：出现以上不育的母畜应淘汰。在饲养管理过程中，应加强对种母畜的选种工作，选用繁殖力高的母畜进行繁殖，防止近亲交配，避免种间杂交。若其祖代有不发情、屡配不孕等情况的应予淘汰。

2. 饲养管理及利用性不育　饲养管理因素如母畜营养缺乏或过剩、缺乏运动等；环境气候因素如高温、高寒、高饲养密度、运输应激等；繁殖技术方面因素，如发情鉴定不准确、配种技术不当等。以上原因均可引起母畜繁殖障碍。

处理措施：加强种畜的饲养管理，均衡营养，避免过冷过热及各种应激，规范繁殖技术操作，加强对母畜繁殖新技术的推广应用。

3. 卵巢机能障碍

（1）卵巢萎缩及硬化。当母畜衰老、瘦弱、生殖内分泌机能紊乱、使役过重、卵巢炎症等均可使卵巢机能衰退。母畜表现发情周期延长或长期不发情，发情表现不明显或虽有发情表现但不排卵。如果卵巢机能长久衰退而不能恢复，则可引起卵巢组织萎缩、硬化。卵巢萎缩及硬化后不能形成卵泡，母畜没有发情表现。

处理措施：可以采取加强饲养管理、物理疗法（如子宫热浴、卵巢按摩等）、激素疗法等治疗。对年龄较小的母畜，效果一般较好，老龄母畜治疗效果较差。

（2）持久黄体。持久黄体是指母畜发情或分娩后，卵巢上周期黄体或妊娠黄体超过一定时间而不消失。持久黄体同样可以分泌孕酮，抑制卵泡发育，使母畜长期不发情。持久黄体常见于母牛。子宫积水或积脓、子宫内有异物、胎儿干尸化时，常会使黄体难以消退而成为持久黄体。另外，饲养管理不当、运动不足、饲料单一、缺乏矿物质和维生素、激素分泌失调等均可能发生持久黄体。

处理措施：对持久黄体母畜可用前列腺素及其合成类似物、孕马血清促性腺激素、促卵泡素等进行治疗，均有显著疗效。继发于子宫疾病的持久黄体应先治疗原发病，再使用激素。

（3）卵巢囊肿。卵巢囊肿可以分为卵泡囊肿和黄体囊肿两种。其中，卵泡囊肿较为多见，是由于发育中的卵泡上皮变性，卵泡壁结缔组织增生变厚，卵细胞死亡，卵泡液被吸收或增多而形成。黄体囊肿是由于未排卵的卵泡壁上皮发生黄体化，或排卵后黄体化不足，使黄体内形成空腔并蓄积液体而形成。

卵巢囊肿的发生与内分泌失调，如促黄体素分泌不足、促卵泡素分泌过多等有关，也常见于运动不足、精料过多、矿物质和维生素缺乏、激素使用不当等，还可继发于子宫内膜炎、胎衣不下等多种疾病。

牛患卵泡囊肿时，由于雌激素分泌过多，可表现为无规律的频繁发情、长期发情、甚至呈"慕雄狂"状态。黄体囊肿时，性周期停止，母牛长期不表现发情。

处理措施：有些卵巢囊肿可以自愈，改善饲养管理有助于本病的恢复和治疗。目前治疗卵巢囊肿多采用激素疗法，可选用促黄体素、GnRH及类似物、孕酮等。

4. 生殖器官疾病　在家畜繁殖障碍中，生殖器官疾病是造成母畜不孕症的主要原因之一。主要包括卵巢炎、输卵管炎、子宫内膜炎、子宫颈炎、阴道炎等。其中子宫内膜炎所占的比例最大，可以发生于各种家畜，尤以牛、马和猪最多见。

造成子宫内膜炎的主要原因是人工授精、分娩及难产的助产、阴道检查时消毒不严格，致使病原微生物侵入感染。另外，当母畜患有产道损伤、阴道炎、子宫脱出、胎衣不下、难产、结核病、布鲁氏菌病时往往也可并发子宫内膜炎。

（1）急性子宫内膜炎。一般发生在产后或流产后，母牛不食，体温升高，出现弓腰、努责及频频排尿姿势，并从阴道流出黏液或黏液脓性分泌物，有腥臭味。

（2）慢性卡他性子宫内膜炎和子宫积水。病畜性周期紊乱，有的发情正常但屡配不孕，卧下或发情时从阴道排出较多的透明或稍混浊的黏液。发生慢性卡他性子宫内膜炎后，如果子宫颈黏膜肿胀或其他原因使子宫颈阻塞，卡他性渗出物不能排出，积聚于子宫腔内，称为子宫积水或子宫积液，主要发生于牛。直肠检查触诊子宫时有明显的波动感。

（3）脓性子宫内膜炎和子宫积脓。患畜一般有轻度的全身反应，精神不振，食欲减退，有的体温升高。发情周期不正常，从阴道排出带有臭味的灰白色或褐色混浊浓稠的脓性分泌物。有的患畜子宫颈由于黏膜肿胀和组织增生而狭窄，脓性分泌物积聚于子宫内，称为子宫积脓。直肠检查可发现子宫壁变厚，有波动感，子宫显著增大，与妊娠 $2\sim3$ 个月的子宫相似甚至更大，但查不到子叶、胎膜及胎体。该病按子宫颈开放与否，可分为开放型与闭锁型两种。子宫脓肿、慢性囊泡性子宫内膜炎、增生性子宫内膜炎、慢性化脓性子宫炎等与本病难以区别，故统称为子宫蓄脓综合征。犬和猫较常见。

（4）隐性子宫内膜炎。症状不明显，母畜发情周期也正常，但屡配不孕。偶尔受孕也会造成胚胎死亡或早期流产。母牛一般只在发情时才排出量较多、稍混浊、有时带有絮状物的分泌物。

处理措施：子宫内膜炎的治疗一般常采用冲洗子宫及注入药液的方法；对子宫积液和子宫积脓的病畜，应注射前列腺素治疗，当子宫内容物排净之后，再向子宫注入抗生素防止感染。同时改善饲养管理，给予富有营养和维生素的全价饲料，提高机体抵抗力。对伴有全身症状的病畜，应配合抗菌药物对症治疗。

①冲洗子宫。冲洗子宫是为了清除子宫内的渗出物，消除炎症，是治疗急、慢性子宫内膜炎的有效疗法之一。冲洗液可选用 $1\%\sim5\%$ 氯化钠溶液、0.1% 高锰酸钾溶液、0.05% 呋喃西林、碘盐水（1% 氯化钠溶液 $1\,000$mL 中加 2% 碘酊 20mL）、$0.01\%\sim0.05\%$ 新洁尔灭溶液、0.5% 来苏儿等。冲洗时将药液加温至 $35\sim45$℃，一般每次进量 $500\sim1\,000$mL，反复冲洗直至排出的液体变为透明为止。由于大部分冲洗液对子宫内膜有刺激性或腐蚀性，残留后不利于子宫的恢复，所以每次冲洗时应通过直肠辅助方法尽量将冲洗液排出体外。当牛的子宫颈收缩，冲洗导管不易通过时，可先肌内注射雌激素，以促进子宫颈开张和加强子宫收缩。

②注入药液。一般在冲洗子宫完毕，待药液排净后，均要向子宫内注入抗生素，增强抗感染的能力。常用的抗生素有青霉素、链霉素、金霉素等。当子宫内渗出物不多时，也可不进行冲洗，直接向子宫内注入 $1:(2\sim4)$ 碘甘油溶液 $20\sim40$mL 或等量的液状石蜡复方碘溶液 $20\sim40$mL 以及抗生素等，均有良好效果。

③犬、猫子宫蓄脓的治疗。子宫切除术是首选的治疗方法，对于开放型和闭锁型子宫蓄脓均适用。若主人不打算让其生育，则应建议主人为其做绝育手术，以防后患。

目前有采用复合益生菌治疗子宫内膜炎的报道，益生菌治疗子宫内膜炎，不仅能够调整子宫内微生物平衡，而且还能抑制致病微生物的增长和繁殖，对子宫有一定的修复作用，增强机体的免疫力。抗生素的使用会导致畜禽内源性感染、二重感染、机体产生耐药性等，破坏畜禽体内微生态平衡、降低机体免疫力，使畜禽产品药物残留加大。因此，采用无污染、无残留的益生菌治疗畜禽疾病引起了各国研究者的高度重视。

（5）子宫颈炎。子宫颈炎可见于多种家畜，牛最易发生。子宫颈炎是黏膜及深层的炎症，多数是子宫内膜炎和阴道炎的并发症，在分娩、自然交配和人工授精的过程中感染病原菌所导致。炎性分泌物直接危害精子的通过和活性，容易造成不孕。阴道检查时，可发现子宫颈阴道部松软、水肿、肥大、呈菜花状、子宫颈变得粗大、坚实，阴道分泌物增多，甚至带血。母牛患子宫颈炎能够正常发情，但不容易受孕，严重的病牛伴有发热、食欲减退，精神不振等全身症状。子宫颈炎以预防为主，在人工输精时，动作要轻，按照无菌的要求进行操作，避免粗暴操作。

处理措施：继发子宫内膜炎、阴道炎的病例，治疗时要参考治疗原发病的方案和方法。对于子宫颈炎，可先用温水消毒液冲洗，再涂擦复方碘溶液、碘甘油溶液或者其他防腐抑菌药物。需要治疗多次，才能见效。

（6）输卵管炎。输卵管炎多继发子宫或腹腔的炎症，可直接危害精子、卵子和受精卵，从而引起不孕。

处理措施：治疗多采用1％～2％灭菌氯化钠溶液冲洗子宫，然后注入抗生素及雌激素以促进子宫和输卵管收缩，排除脓性分泌物，使输卵管、子宫得到净化，恢复生育能力。在输卵管发生轻度粘连时，采用输卵管通气法，有时也能有效。

（7）阴道炎。正常情况下，母畜阴门、前庭及阴道黏膜紧贴在一起，将阴门腔封闭，阻止外界微生物的侵入。需氧菌及厌氧菌寄居在阴道内，形成正常的阴道菌群。阴道炎有原发性和继发性两种。原发性阴道炎是分娩时受伤或细菌感染和人工授精引起损伤造成的，继发性阴道炎常见于子宫内膜炎、子宫和阴道脱垂、胎衣不下等疾病。临床症状表现为病畜弓背，尾根举起，努责并常有排尿动作，但每次排出的尿量不多。时而见其努责，从阴门流出浆液性或脓性分泌物。发生阴道炎的母畜，阴道黏膜充血肿胀、甚至是不同程度的糜烂或者溃疡。个别严重的病畜往往伴有轻度的全身症状。

处理措施：对于轻症可用温热防腐消毒溶液冲洗阴道，如用0.1％温高锰酸钾溶液冲洗阴道。对于阴道深层组织的损伤可配合抗生素或中药进行治疗。

【知识拓展】

如果想了解更多有关畜禽繁殖力方面的知识，可以阅读以下相关文章，并浏览相关网站：

1. 相关文章 《奶牛繁殖障碍及其防制》（《中国畜牧兽医》，2010年02期）、《奶牛繁殖障碍的综合防治技术》（《兽医导刊》，2012年11期）、《母猪繁殖障碍的原因和预防措施》（《现代畜牧科技》，2019年02期）。

2. 相关网站 中国畜牧网、中国兽医网。

【观察思考】

分组调查当地牛场或猪场的繁殖障碍状况，分析总结发生原因，提出改善与治疗建议。

任务3 提高动物繁殖力的措施

【任务目标】

知识目标

掌握提高繁殖力的理论依据。

技能目标

能结合实际情况提出改进和提高家畜繁殖力的具体措施。

【相关知识】

畜禽繁殖力是畜牧生产的重要经济指标。提高畜禽繁殖力，首先要做到保证畜禽的正常繁殖力，并积极采用先进的繁殖技术，充分发挥优良公、母畜禽的繁殖潜力，争取达到或接近最高繁殖力。

一、加强选种

选择繁殖性能优良的种畜是提高繁殖力的前提。繁殖性状的遗传力虽然很低，但却与生产性能和经济效益紧密相关。在新品种或新品种培育过程中，要重视繁殖性状，选留种畜时应将繁殖力作为重要选择指标。对种公畜，选种时要参考其祖先的生产性能，并对被选个体进行严格的繁殖力检查，选拔健壮、性欲旺盛、交配能力强、精液品质好、生殖系统发育好、对母畜受胎率高和无繁殖疾病的种公畜留作种用，淘汰不合格公畜。对母畜的选择应注意产仔间隔时间、性成熟的早晚、发情表现强弱、受胎能力大小、母性强弱、泌乳能力的高低等。对多胎动物如母猪应注重产仔窝数和窝产仔数，这是母猪的重要繁殖力指标。应该指出的是，在选择种母畜时，不应过分追求某些繁殖力指标，如产仔数特别多的母猪产出的仔猪往往个体体重较小，抗病能力弱，生长缓慢，因此选种时应对各种繁殖力指标进行综合考虑。

二、保证优良品质的精液

优良品质的精液是获得理想繁殖力的重要条件。因此，在生产中应严格注意种公畜的选留、饲养管理及使用。在选留种公畜时，除应了解其遗传性能、繁殖历史及一般生理状况外，对其睾丸的形状、大小、质地，其精液量、精子密度、精子形态、精子活力等均应严格检查。对优良种公畜应加强饲养管理并合理使用，这样才能保证获得质优量足的精液。

配种时，无论用鲜精液配种还是冷冻精液配种，都要进行严格的质量检查，不合格的精液禁止用于配种。目前在全世界范围内，牛的人工授精已普遍采用冷冻精液。输精时采用的冷冻精液必须符合国家标准，严格禁止使用不符合标准的冷冻精液。

三、做好发情鉴定，适时配种或输精

准确的发情鉴定是做到适时配种或输精以及提高受胎率的保证。母畜在发情期，生殖器官和行为会发生一系列的变化，只有准确掌握各种动物在发情期的内部、外部变化和表现，及时鉴别出处于发情期的母畜，并适时配种或输精，才能提高受胎率。母牛的发情持续期较其他家畜短，而外部表现明显，发情鉴定多以外部观察为主，阴道检查为辅，必要时也可进行直肠检查。母猪发情鉴定以外部的观察为主，并结合压背试验，凡有静立反射的母猪即可进行配种或输精。马以直肠检查法为主，绵羊则常用试情法进行判定。

四、减少胚胎死亡和流产

胚胎死亡和流产是影响产仔数等繁殖力指标的重要因素之一。即使是具备正常生育能力

的动物也常发生早期胚胎死亡。胚胎早期死亡常发生在附植前后，死亡的胚胎大多被子宫吸收，之后母畜再发情，因此不易被发现。据研究报道，牛 1 次配种后的受精率在 70%～80%，但最后产犊的仅有 50%。羊和猪的早期胚胎死亡率相当高，可达 20%～40%。胚胎死亡的原因很复杂，可能是精子或卵子异常、内分泌失调、子宫疾病、饲养管理不当及某些传染病等引起，应全面细致分析，找出原因，及时采取措施。一般认为，适当的营养水平和良好的饲养管理条件，可减少胚胎早期死亡和流产。应根据种畜的类别、品种、年龄、性别、生理阶段等，结合各类家畜各阶段营养需要特点和饲养标准，科学进行日粮配制，制定合理的饲养管理制度，以保证种畜体况良好，繁殖机能旺盛。配种后，有条件的可进行早期妊娠诊断，对于保胎、减少空怀和提高繁殖力非常重要。经过妊娠诊断，确定是否妊娠，要加强饲养管理，防止挤斗、滑倒、使役过度等情况的发生，维持母畜健康，避免流产。

目前，兽用便携式 B 型超声检测仪（简称 B 超）是一种成熟的高科技诊断设备，将其用于检测母畜早期妊娠，被认为是一种能快速和高度准确检测母畜妊娠的好方法，具有诊断快速、安全快捷，无组织损伤和放射危害等优点。母猪在配种后 18～25d 即可进行早期妊娠诊断，母牛在配种后 30d 即可进行早期妊娠诊断，母羊在配种 30d 左右即可进行早期妊娠诊断，母犬在配种后 18～19d 即可早期妊娠诊断。

五、推广繁殖新技术

随着科学研究的深入和现代畜牧业的发展，动物繁殖技术已进入繁殖控制技术阶段，可以人为地改变和控制动物的繁殖过程，调整其繁殖规律，以充分发挥动物的繁殖潜力。

家畜人工授精技术已全面推广使用，使种公畜的繁殖效率大大提高。随着超低温生物技术的发展，该技术在提高种公畜利用率方面发挥了更大的作用。目前，人工授精技术在现代化的牛场、猪场、羊场、鸡场的生产中应用非常普遍，尤其是在奶牛和黄牛的生产中。奶牛冷冻精液的应用大大提高了优良种公畜的繁殖效率，使奶牛的数量及质量大大提高。

另外，用于提高母畜繁殖利用率的新技术主要有同期发情技术、超数排卵和胚胎移植技术、胚胎分割技术、诱发分娩、早期断乳技术等。这些新技术的研究成果已在一定范围内得到推广应用。值得注意的是这些新技术的成本偏高，所以最好是将这些繁殖新技术与育种结合起来，进一步推动繁殖新技术在生产中的推广和应用。

【知识拓展】

如果想了解更多有关畜禽繁殖力方面的知识，可以阅读以下相关文章，并浏览相关网站：

1. 相关网站　中国畜牧网。

2. 相关文章　《提高猪的技术方法繁殖力》（《中国农业信息》，2012 年 09 期）、《影响奶牛繁殖率的因素及其提高措施》（《中国畜禽种业》，2011 年 11 期）、《提高家畜繁殖力的几个措施》（《养殖技术顾问》，2012 年 05 期）、《如何提高母牛繁殖力》（《中国畜禽种业》，2018 年 03 期）、《提高家畜繁殖力的综合技术措施》（《中兽医学杂志》，2014 年 8 期）

【观察思考】

搜集有关资料，论证提高繁殖力的某一具体措施或综合措施。

 自 我 测 试

一、名称解释

1. 畜禽繁殖力　2. 发情率　3. 配种率　4. 受胎率　5. 繁殖成活率

二、填空题

1. 母牛的妊娠期平均＿＿＿d，多在产后＿＿＿d配种，所以每年只能产1胎。猪的妊娠期平均＿＿＿d，一般仔猪断乳后＿＿＿d配种，每年可产2.2～2.3窝。

2. 饲料中的有毒有害物质，会影响精液品质和胚胎发育。如棉籽饼中的＿＿＿＿＿＿可使精细管发育受阻而引起公畜不育，也使母畜受胎率和胚胎成活率降低。

3. 家畜某些先天性疾病如＿＿＿＿＿、＿＿＿＿＿、＿＿＿＿＿、＿＿＿＿＿以及＿＿＿＿＿等均会引起不育和不孕。

4. 精液品质不良是指公畜射出的精液达不到母畜受胎所要求的标准，主要表现为＿＿＿＿、＿＿＿＿、＿＿＿＿、＿＿＿＿、＿＿＿＿以及精液中混有血液、脓汁、尿液等。

5. 精囊腺炎可以由＿＿＿＿、＿＿＿＿、＿＿＿＿和＿＿＿＿感染引起，主要经泌尿生殖道上行引起感染。

6. 公猪包皮前腔背侧有一个包皮盲囊，也称为＿＿＿＿＿，它与包皮前腔有一通道而无明显分隔。

7. ＿＿＿＿＿是指母畜发情或分娩后，卵巢上周期黄体或妊娠黄体超过一定时间而不消失。＿＿＿＿＿同样可以分泌孕酮，抑制卵泡发育，使母畜长期不发情。

8. 母牛卵巢囊肿分为＿＿＿＿＿和＿＿＿＿＿两类。母牛患卵泡囊肿时表现为长期发情出现"慕雄狂"现象。

9. 在家畜繁殖障碍中，生殖器官疾病是造成母畜不孕症的主要原因之一。主要包括＿＿＿＿＿、＿＿＿＿＿、＿＿＿＿＿、＿＿＿＿＿、＿＿＿＿＿等。其中＿＿＿＿＿所占的比例最大，可以发生于各种家畜，尤以牛、马和猪最多见。

10. 阴道炎有＿＿＿＿＿和＿＿＿＿＿两种。＿＿＿＿＿阴道炎是分娩时受伤或细菌感染和人工授精引起损伤造成的，＿＿＿＿＿阴道炎常见于子宫内膜炎，子宫和阴道脱，胎衣不下等疾病。

三、简答题

1. 请结合实际谈谈影响畜禽繁殖力的常见因素。

2. 请结合实际情况提出改进和提高家畜繁殖力的具体措施。

项目七

家禽的人工授精技术

【项目任务】

　　1. 掌握公禽的采精技术。
　　2. 掌握家禽精液稀释和精液品质检查的方法。
　　3. 熟练掌握母禽的输精技术。

任务　家禽的人工授精

【任务目标】

知识目标

1. 了解家禽人工授精的意义。

2. 掌握鸡、鸭、鹅的采精、输精要领。

3. 掌握家禽精液处理及精液品质检查的原理。

技能目标

1. 熟练掌握鸡的采精操作技术。

2. 熟练掌握鸡的输精操作技术。

【相关知识】

一、家禽人工授精的意义

　　(1) 人工授精能充分发挥优秀种公禽的利用率，减少公禽的饲养量。自然交配配种，1只公鸡只能配10~20只母鸡；人工授精1只公鸡可配30~50只母鸡，从而节约饲养成本。

　　(2) 人工授精可以克服公母禽体重相差悬殊带来的问题，以及不同品种间家禽杂交造成的配种困难，从而提高受精率。

　　(3) 采精与输精技术可使种公禽的利用不受生命限制。即使某优秀公禽死后，仍可继续利用它的精液繁殖后代。

　　(4) 人工授精可以有效避免公禽、母禽直接接触所造成的传染病的传播。

　　(5) 提高育种效率，使母禽的配种具有高度的灵活性，不受时间、地域与国界的限制，可随需随配，有利于引种、保种、育种和实验研究的开展。

二、家禽的采精

1. 种公禽的准备

（1）种公禽的选择。在选择作为人工授精用的种公禽时，除应调查其双亲的生产性能及繁殖性能外，还应注意公禽本身的生长发育和健康状况。应选择符合品种要求，身体发育正常，无生殖器官疾病及传染病，冠和肉垂鲜红，性欲旺盛、精液品质优良的种公禽。同时检查公禽的性反射能力。可将公禽双翅提起，如果尾巴上翘，有性反射，泄殖腔大而松弛者；或用手指刺激尾根，尾巴上翘者适合人工采精。

种公鸡的选择一般在30日龄进行第1次挑选，选发育良好，健康无病、无伤残的公雏，选留公母比例为1∶（6～8）。在90日龄进行第2次选择，选留的种公鸡要完全符合本品种的体型外貌特征，发育良好、健壮，选留公母比例为1∶10。在120日龄进行第3次筛选，选留公母比例为1∶20。在180日龄进行第4次挑选，并对公鸡进行按摩调教，选留公母比例1∶（30～50）。选留的种公鸡发育匀称、眼大而有神、双腿粗壮、性腺良好、鸣叫声音清脆悦耳、腹部柔软。采精按摩时肛门能外翻，乳状突外翻充分，并伴有全身羽毛抖动，肌肉有收缩感觉。泄殖腔大而宽松，条件反射灵敏，交配器能勃起，能射出精液，且精液颜色正常（乳白色）。

种公鸭、种公鹅应选留体质健壮，生长发育匀称，雄性特征明显的个体。同时检查生殖器官的发育状况，选择交配器长而粗、伸缩自如、性欲旺盛、精液品质优良的留作种用。

（2）种公禽的采精训练。对于选留的种公禽，在采精前1～2周应隔离、单笼饲养。在人工采精前1周左右开始采精训练。一般用按摩法调教，操作人员坐在凳子上，双腿夹住公鸡双脚，鸡头向左，尾向右，一手放在背腰部，拇指与其他四指各在一侧，从背腰部向尾部轻轻按摩，连续几次，同时，另一只手从腹部向泄殖腔方向按摩，并轻轻抖动。注意观察公鸡是否有翘尾、泄殖腔外翻、露出生殖器等性行为。每天1～2次，3～4d后性能良好的公鸡大部分都可采出精液。对经多次训练也采不出精液的或精液量少、精子密度低以及精子活力低下的公禽应淘汰。对选留的种公禽在采精前应剪掉泄殖腔周围1～2 cm的羽毛，以免采精时污染精液。公禽采精前3～4 h应停水、停料，以防止采精时排粪，影响精液质量。采精训练及采精人员应固定专人操作，使公禽建立条件反射，有利于精液采集。

2. 人工授精器具及消毒

（1）集精杯。鸡常用实柄有色小玻璃漏斗型集精杯；鸭、鹅常用5 mL的有色离心管或量杯。集精杯如无特制品，可用石蜡封闭中间小孔的漏斗代替（图3-7-1）。

（2）贮精器。常用小玻璃试管或小离心管。

（3）输精器。输精器可用结核菌素注射器（或1 mL一次性注射器），也可用带橡皮吸头的普通滴管、微量吸管，为家禽大批输精可使用连续输精器（图3-7-2）。

（4）保温杯。可用普通小型广口保温瓶，瓶塞用泡沫塑料块或橡皮块，并打上4个小孔，分别插入贮精管和温度计，杯底垫棉花。瓶中灌入35℃～40℃温水，瓶口盖纱布，作临时性或短期保存精液用。

此外还应配备恒温干燥箱、显微镜、消毒锅、毛剪等。在进行采精前要将采精、输精器材用洗涤剂进行彻底清洗。将冲洗干净的器材煮沸消毒或蒸汽消毒，烘干备用。

公鸡采精

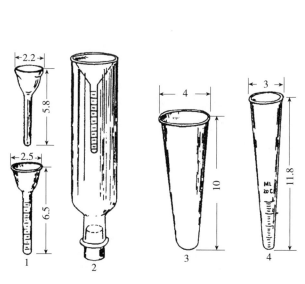

1、2、3. 鸡用集精杯 4. 鸭、鹅的集精杯

图 3-7-1 家禽集精杯（单位：cm）

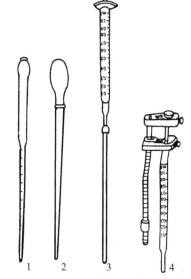

1、2. 有刻度玻璃管

3.1mL 注射器，前端接可更换的无毒塑料管

4. 能调节、可连续定量输精器

图 3-7-2 家禽输精器

3. 采精方法 家禽的采精方法有按摩法、台禽诱情法、假阴道法及电刺激法等。实践证明，按摩采精法最方便、安全、可靠，是目前家禽采精普遍采用的方法。

（1）鸡的按摩采精法。采精前先将种公鸡肛门附近的羽毛剪去，用酒精棉球擦洗泄殖腔周围，待酒精挥发后再行采精。

双人法：保定员将公鸡挟于左腋下，鸡头向后，保持身体水平，泄殖腔朝向采精员，双手各握住鸡的双腿，使其自然分开，拇指扣住翅膀，呈自然交配姿势（图 3-7-3）。采精员用右手中指与无名指夹着集精杯，杯口朝外。左手四指合拢与拇指分开，掌心向下，紧贴公鸡腰部两侧向后轻轻滑动，按摩至尾脂区，反复数次。同时右手拇指与食指在腹部做轻快抖动的触摸动

图 3-7-3 公鸡的保定

图 3-7-4 公鸡的采精

作。当公鸡尾部上翘，泄殖腔外翻露出交配器时，左手拇指与食指立即跨捏于泄殖腔两侧，轻轻挤压，公鸡立刻射精，右手迅速用集精杯口贴于泄殖腔下缘接取精液（图 3-7-4）。如果精液较少，可重复上述的动作采精，但要防止过多透明液甚至粪便排入集精杯内。1 只公鸡每次采精量一般为 0.4～1mL，采集到的精液倒入保温瓶中的贮精管中以备输精。

单人法：单人操作时，采精员坐在凳子上，将公鸡两腿夹在双腿之间，头部朝向左后侧，空出双手，按上述双人法进行按摩采精。

种公鸡一般隔日采精 1 次为宜，在配种季节也可每天采精 1 次，连采 5d 后休息 1d，同时注意营养平衡，确保精液质量和数量。采精时最好固定专人，以利于种公鸡形成条件反射，有利于采精。还应注意不要伤害公鸡，不污染精液。

（2）鸭、鹅的采精。

背腹式按摩法：采精时，采精员坐在矮凳上，将公禽放于膝上，尾部向外，头部夹于左臂下。助手位于采精员右侧保定公禽双脚。采精员左手掌心向下紧贴公禽背腰部，自背部向尾部按摩，同时用右手手指把握住泄殖腔环按摩揉捏，一般 8～10s 即可。待阴茎充分勃起的瞬间，正在按摩的左手拇指和食指自背部下移，轻轻压挤泄殖腔上 1/3 部，使精沟完全闭合，精液便会沿着输精沟自阴茎顶端射出。右手持集精杯顺势接取精液，并以左手反复挤压直至精液完全排出。鸭每次射精量为 0.6～1.2 mL，鹅每次射精量为 0.5～1.3 mL。鸭、鹅一般隔日采精 1 次为宜。

假阴道法：用台鸭（鹅）对公禽进行诱情，当公鸭（鹅）爬跨台鸭（鹅）伸出阴茎时，采精员迅速将阴茎导入假阴道内，获取精液。

台禽诱情法：首先将产蛋的母鸭（鹅）固定在诱情台上，将公鸭（鹅）放出，凡经过调教、性欲旺盛的公禽即会马上爬跨，当公鸭（鹅）阴茎勃起伸出交尾时，采精人员迅速将阴茎导入集精杯获取精液。

三、家禽的精液处理

1. 精液品质检查

（1）外观检查。外观检查包括精液的颜色、黏稠度和污染程度及精液量的检查。

正常的公禽精液呈乳白色不透明的黏稠液体。被粪便污染的精液呈黄褐色；混有血液的精液呈粉红色；被尿酸盐污染时则呈白色棉絮状；透明液过多的精液稀薄清亮。

公禽的射精量可用有刻度的吸管或 1mL 一次性塑料注射器测定。与家畜相比，家禽的射精量小。各种家禽的射精量随禽种、品种、个体、年龄、季节、采精技术的不同而有差异，主要家禽的一次射精量参照表 3-7-1。

凡外观不合格的精液均应弃之不用。对产生不合格精液的公禽停止采精，并查明原因，采取相应的措施。

（2）显微镜检查。精子密度、精子活力及畸形率检查。

家禽的采精量小，但是单位体积精液里精子数多，即精子密度大。主要家禽的精子密度参照表 3-7-1。

表 3-7-1　家禽的射精量和精子密度

品种	射精量（mL）	密度（亿个/mL）	品种	射精量（mL）	密度（亿个/mL）
鸡	0.4～1.0	25～40	火鸡	0.25～0.4	70～80

（续）

品种	射精量（mL）	密度（亿个/mL）	品种	射精量（mL）	密度（亿个/mL）
鸭	0.1~1.2	10~60	北京鸭	0.1~0.8	26
鹅	0.2~1.5	3~25	番鸭	0.4~1.9	5~20

精子活力检查应在采精后 20~30 min 内完成，时间过长，影响判定结果的准确性。取精液及生理盐水各 1 滴于载玻片上混匀，加上盖玻片。在 37℃下，置于 200~400 倍显微镜下观察精子的活力。以直线前进的精子占总精子的比例评定等级，评定方法与家畜相同。观察时要注意将原地转圈、倒退或原地抖动的精子与直线运动的精子相区别。活力低下的精液不能用于人工授精。

精子畸形率的检查方法与家畜相同，但家禽的畸形精子以尾部畸形居多，如尾巴盘绕、折断和无尾等。正常公鸡的精液中畸形精子占总精子数的 5%~10%。

2. 精液的稀释与保存 精液的稀释是指在精液里加入一些配制好的适于精子存活并能保持精子受精能力的溶液。精液稀释后可扩大精液量，提高与配母禽数量，同时便于精液的保存和运输。精液采集后应保温并尽快进行稀释，稀释时稀释液的温度要与精液的温度相同。

目前鸡的精液稀释比较简单，一般将采集的新鲜精液尽快与等温生理盐水或 5.0% 的葡萄糖溶液按 1:1 的比例稀释。稀释时，将稀释液沿装有精液的试管壁缓慢加入，轻轻转动，混匀。然后放在 30~35℃ 的保温瓶内，在 30min 内输精完毕。若母鸡群规模大，可选用简单稀释液或用 BPSE 液等将精液稀释后低温保存，稀释精液于 2~5℃ 环境下可保存 24~48h。

四、家禽的输精

1. 鸡的输精

（1）输精方法。鸡的输精一般采用阴道输精法。由 3 人一组进行操作效率较高，翻肛人员站在两端，轮流抓鸡翻肛，输精员站在中间来回输精。操作时翻肛人员用一只手抓鸡的双腿，鸡头向下，肛门向上，拉至笼边，另一只手的拇指和食指横跨泄殖腔上下两侧，施巧力按压泄殖腔，使泄殖腔外

母鸡输精

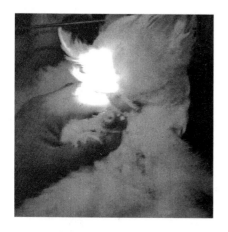

图 3-7-5 母鸡的翻肛

图 3-7-6 母鸡的输精

翻，露出阴道口（图 3-7-5）。此时，输精员将输精管插入阴道 2～3cm 深处，注入精液（图 3-7-6）。输精时两人应密切配合，在输精管插入阴道内输精的同时，翻肛人员快速松手，解除对母鸡腹部的压力，才可成功输入精液。

（2）输精剂量、时间及次数。采用原精液输精时，通常用量为 0.025～0.3mL，稀释精液则需 0.05mL，含有效精子约 1 亿个，第 1 次输精剂量宜加倍。输精时间一般在 15：00 或 16：00 以后开始，此时鸡群产蛋基本结束，受精率可达 90% 以上。产蛋盛期的母鸡，间隔 4～5d 输精 1 次最为适宜。间隔过长，会使受精率下降。

2. 鸭、鹅的输精

（1）输精方法。鸭、鹅常采用直接插入阴道法进行输精。输精时，助手用双手分别握住母禽的两腿和两翅尖的自然宽度，将其固定在输精台上。输精员面向鸭、鹅的尾部，右手持输精器，左手四指并拢将尾羽拨向左侧，拇指紧靠着泄殖腔下缘轻轻按压，使泄殖腔张开（图 3-7-7）。右手将输精器插入后，再向左下方插入 4～6cm，注入精液。

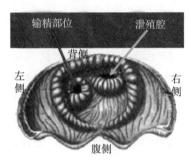

图 3-7-7　母鸡的输精部

对于阴道口比较紧的母禽（如母番鸭等），也可采用手指引导输精法输精。输精员用左手食指从泄殖腔口轻轻插入泄殖腔，向泄殖腔左下侧找到阴道口，同时将输精器的头部沿着左手食指的方向插入阴道口，然后将食指抽出，注入精液（图 3-7-8）。

（2）输精剂量、时间及次数。鸭、鹅使用原精液输精时，输精量为 0.03～0.08mL；采用稀释精液时输精量为 0.05～0.1mL，每次输入有效精子 5 000 万个至 1 亿个，首次输精时应加倍。输精时间一般选在上午大部分鸭、鹅产蛋后进行。每隔 5～6d 输精 1 次为宜。

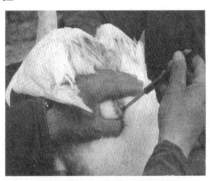

图 3-7-8　母鹅输精

 技 能 训 练

技能训练一　鸡的采精

【**训练目的**】掌握公鸡的采精训练方法与采精技术，能正确处理精液和评价鸡的精液品质。

【**训练材料**】

（1）适龄、健壮种公鸡，经过采精训练的和未经采精训练的各数只。

（2）集精杯、贮精管、保温桶、温度计、消毒锅、烘干箱、剪毛剪、白瓷盘、纱布、1mL 注射器、脱脂棉、显微镜、载玻片、盖玻片等。

（3）生理盐水、葡萄糖等渗溶液、75% 酒精、lake 液、蒸馏水等。

【方法步骤】

（1）首先将采精所用器械冲洗干净，放入消毒锅中煮沸消毒 30min 左右，然后取出，放入烘干箱中烘干备用。

（2）将种公鸡泄殖腔周围的羽毛剪除，用酒精棉球消毒泄殖腔周围，以备采精。

（3）对未经训练的种公鸡进行按摩采精调教训练，每天 1～2 次，一般 3～5d 即可建立采精条件反射。

（4）分组用调教好的公鸡进行按摩采精操作练习，重点练习双人按摩采精法，要求能熟练操作，并能成功采出精液。

（5）各组将采出的精液进行品质评定，并记录结果。

（6）将合格精液收集在贮精管内，放入 35℃ 左右的保温桶中，记录每组采精量。

（7）分别用蒸馏水、生理盐水、葡萄糖等渗溶液、lake 液等对原精液进行 2 倍稀释，稀释后镜检精子活力，记录结果并与鲜精精子相比较。之后，将稀释好的精液置于 2～5℃ 的冰箱内保存，分别于 10h、24h、48h 后检查精子活力，记录并比较、分析结果。

（8）完成技能训练报告。

【注意事项】

（1）操作前，教师先示范并讲解操作要点。

（2）公鸡采精前剪毛，停水、停料 3～4h，以防采精时排粪污染精液。

（3）初次采精和间隔 2 周未采精的公鸡精液质量不高，要先进行排精。

（4）采精的动作要迅速，几秒钟内采一只鸡，防止伤害公鸡。

（5）稀释精液时所用的稀释液与精液要进行同温处理。

（6）采精人员要相对固定，不同人员会有较大差异。

（7）种公鸡一般隔天采精一次为宜。

技能训练二　鸡的输精

【训练目的】 熟练掌握鸡的输精技术。

【训练材料】

（1）笼养经产母鸡数只。

（2）鸡用输精器或带胶头的玻璃滴管、吸管，精液分装管，纱布，棉花，白瓷盘等。

（3）合格新鲜原精或稀释精液。

【方法步骤】

（1）先将输精管等器械彻底清洗、消毒、烘干备用。

（2）教师示范输精操作方法并讲解要点。

（3）3 人一组练习鸡的阴道输精法，两人翻肛，一人输精。轮换操作，要求每个同学都能熟练掌握翻肛和输精操作。

（4）输精 48 h 后收集种蛋，检查受精率，记录结果并分析原因。

（5）完成技能训练报告。

【注意事项】

（1）人工授精器材必须严格消毒。

（2）用生理盐水稀释精液，忌用蒸馏水或自来水。

（3）翻肛人员不要用力过大，轻捉轻放。输精操作要小心规范，轻轻插入泄殖腔，防止刺伤母鸡泄殖腔和输卵管。

（4）输精要迅速及时，采出的精液需在 30min 内输精完毕。

（5）一般 4～5d 输精 1 次。

（6）输精宜在 15：00 或 16：00 以后进行。

【观察思考】

（1）想一想，在选择人工授精用的种公鸡时，应注意哪些方面的特质，如何选留？

（2）公鸡的采精和母鸡的输精一定要反复练习，才能熟练掌握。结合技能训练和教师的指导，总结采精和输精的操作技术要点和注意事项，完成技能训练报告。

（3）试述鸭、鹅的采精及输精要点。

 自我测试

一、填空题

1. 母鸡的适宜输精时间_____，输精部位_____，输精剂量_____，输精间隔时间一般为_____d。

2. 母鹅的适宜输精时间_____，输精部位_____，输精剂量_____，输精间隔时间一般为_____d。

3. 母鸡首次输精后_____h，才能收集种蛋。

4. 公鸡的每次采精量一般为_____mL，公鹅的每次采精量一般为_____mL。

二、简答题

1. 公鸡采精前的准备工作有哪些？

2. 母鸡输精前的准备工作有哪些？

模块四

品种选育与杂交利用

1. 掌握选种选配的概念和方法。
2. 了解品种的概念和条件，并掌握对品种选育和品系繁育的方法。
3. 掌握杂交以及杂交优势的利用，合理利用杂交方案。

项目一

选 种 选 配

【项目任务】

    1. 了解选种、选配的概念和意义。

    2. 掌握选种、选配的方法。

    3. 掌握畜禽种用价值的鉴定方法。

任务 1 选 种

【任务目标】

知识目标

1. 了解选种的概念和意义。

2. 掌握畜禽种用价值鉴定的原理。

技能目标

1. 掌握畜禽种用价值鉴定。

2. 能对畜禽进行外貌鉴定。

3. 能正确书写种畜禽的横式系普和竖式系谱。

【相关知识】

一、选种的概念和意义

1. 概念　从畜禽群中选出符合人们目标要求的优良个体留作种用，淘汰不良个体，即为选种。选种时，包含对种公畜（禽）、种母畜（禽）的选择。俗话说："公畜好，好一坡；母畜好，好一窝。"种公畜（禽）在群体中饲养较少，但对群体影响较大，故选好种公畜（禽）对提高群体质量有重要意义。当然也不能忽视对母畜（禽）的选择，因为母畜（禽）对后代的遗传影响与公畜（禽）是一样的。

2. 意义　家畜选种的意义，就是通过选种去劣留优，增加畜禽群体中某些优良基因和基因型的频率，减少某些不良的基因和基因型的频率，故而定向地改变畜禽群体的遗传结构，产生更多的优良后代，提高畜禽生产的经济效益。

二、畜禽的种用价值鉴定

（一）生长发育鉴定

畜禽生长发育与其生产力密切相关，进行生长发育鉴定较容易也较客观，动物生长发育从小到大都可进行度量，而且生长发育性状遗传力较高（如体长），所以生长发育鉴定对动物选种效果较理想。生长发育鉴定常用的方法为称重和体尺测量，用获取的资料来反应畜禽体的结构和特点。

1. 体重　指动物活重。以直接称量最为准确，常用称量用具为盘秤、磅秤、地秤等。在对体型较大的家畜进行体重测量时，可用相应的公式进行估算。

2. 体尺　通过测量畜禽的体尺数值并计算体尺指数来反应畜禽的生长发育情况，常用测量工具为测杖、圆形测定器、卷尺和测角计等（图4-1-1）。畜禽育种工作中常用的体尺指标有：体高、体长、胸宽、管围、胸深、胸骨长等。例如，牛的测量部位如图4-1-2所示。

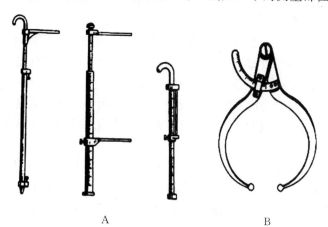

A. 测杖　B. 圆形测定器

图4-1-1　体尺测量工具

（王怀禹，2018. 家畜繁殖改良技术）

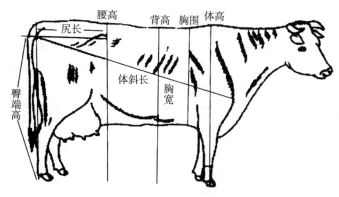

图4-1-2　牛的体尺测量部位

（王怀禹，2018. 家畜繁殖改良技术）

3. 测定时应注意的问题

（1）测定数据要准确。测定时力求做到：一是测量器具精确；二是场地要平整，畜禽保持自然站立姿势；三是在早上饲喂前，挤乳后及剪毛后再进行称重；四是测量部位、读数、记录、计算要准确。

（2）注意人畜安全。人一般站在家畜左侧、动作温和，以免家畜紧张骚动，影响测量结果。

（3）考虑畜禽生长发育各时期的特点，可选择对性状影响较大的几个指标进行测量。

（二）体质外貌鉴定

体质外貌本身并不是经济性状，但有些体质外貌性状与生产性能之间存在一定的关系，但也不是必然联系，所以通过体型外貌进行选种带有很强的主观性，并且需要鉴定者具有丰富的经验。在育种过程中，应注意强调畜禽的体质，建立整体观念，防止片面选择。

1. 体质 指畜禽的身体素质，是畜禽个体的外部形态、生理机能和经济特性的综合表现。按其体躯结构特点畜禽的体质可分为5种类型：细致紧凑型、细致疏松型、粗糙紧凑型、粗糙疏松型、结实型。

（1）细致紧凑型。这种类型的畜禽外形清瘦、轮廓清晰；皮薄有弹性、皮下结缔组织少、不易沉积脂肪、骨骼细致而结实、肌肉结实有力；角、蹄致密有光泽、反应灵敏；新陈代谢旺盛。奶牛、蛋用家禽、乘用马等属于此类型。

（2）细致疏松型。这类动物体躯宽广短小、四肢比例小，全身丰满、骨细皮薄；结缔组织发达、皮下及肌肉内易沉积大量脂肪；反应迟钝、代谢水平较低、早熟易肥。肉用家畜多属于此类型。

（3）粗糙紧凑型。这类动物头粗重、四肢粗大；皮厚毛粗、皮下结缔组织和脂肪不多、肌肉强健有力、骨骼粗大；适应性和抗病力较强。役用家畜、粗毛羊等属于此类型。

（4）粗糙疏松型。这类动物结构疏松、皮厚毛粗、肌肉无力、反应迟钝、繁殖力和适应性差，是一种不理想的体质。

（5）结实型。这类动物骨骼结实而不粗大、皮紧而有弹性、皮下脂肪适宜、肌肉发达；体质结实、性情温驯、抗病力强、生产性能好，这是一种理想体质。种用畜禽应具有这种体质。

2. 外貌鉴定

（1）外貌。指畜禽的外部形态，外貌不仅反映畜禽的外表，而且也反映畜禽的体质和机能。畜禽用途不同，外形特征也不一样。不同用途畜禽的外貌特征如下：

①肉用型。肉用畜禽共同的外形特征是低身广躯，体型呈圆桶形或长方形，肌肉组织发达，骨骼细致结实，因而外形显得丰满平滑。

②乳用型。其特征是前小后大，体型呈三角形。全身清瘦，棱角突出，体大肉不多，头轻颈细，中躯和后躯发达，乳房发育良好，四肢长，皮薄有弹性。

③毛用型。其特征是全身被毛密度大，皮薄而有弹性，体型较窄，四肢较长，略呈窄长方形，头宽，颈肩结合良好，公绵羊颈部常有皱褶。

④役用型。由于使用种类不同，役用型外貌特征也有差异。耕牛、挽马体大，肌肉发达结实，皮厚有弹性，头粗重，胸宽深，前躯发达，躯干宽广，四肢相对粗短，重心较低，蹄大且正，步态稳健。乘用型马则要求清秀，颈细长，身高，背腰短平，肌肉结实有力，四肢稍长，皮薄有弹性。

⑤蛋用型。其特征是体型小而紧凑,毛紧,腿细,头颈宽长适中,胸宽深而圆,腹部发达。

3. 外貌鉴定方法

①肉眼鉴定。一般步骤:先概观后细察、先整体后局部、先远后近、先静后动。鉴定时,人与被鉴定动物保持一定距离,一般3倍于动物的体长为宜;从动物前面、侧面、后面、另一侧面按顺序观察,主要看品种特征、整体发育、体型结构、精神状态及有无明显的缺陷等;再让其走动,看其步态、动作及有无跛行或其他疾患。对动物有一个总体认识后,再走近动物,对各部位进行细致观察和进行必要的触摸,最后进行综合判定。

②评分鉴定。依据不同品种类型制订出不同的评分表,评分表一般分整体情况和各部位情况两个部分。根据各部位的重要性分别给予一定分值,并附有评定标准。如中国荷斯坦牛的评分标准如表4-1-1所示。

外貌鉴定应在肉眼鉴定的基础上,再结合评分鉴定,最后进行综合判断。

表4-1-1 中国荷斯坦牛评分标准

项目	满分标准	公	母
整体结构	体质结实,结构匀称,体质、体重符合育种标准,有品种特征,黑白花,花片分明,公牛有雄相,皮软有弹力,毛细有光泽	30	30
体躯	胸宽深,背腰长、平、宽;尻长;公牛腹部适中,母牛腹大下垂	40	20
乳房	乳房大,向前后延伸,附着良好,乳腺发育良好,皮薄有弹性,乳头大小适中,分布均匀,排乳速度快,乳静脉明显曲折,乳井大		30
肢蹄	健壮结实,肢势良好,蹄形正,质地坚实	30	20
总计		100	100

(三)生产力的鉴定

生产力即是指畜禽为人类提供产品的能力,是畜禽个体本身性能的评定指标。在畜禽育种中,生产力是重点选择的性状,是个体鉴定的重要内容,是代表畜禽个体品质最有意义的指标,是种畜遗传评估中最基本的依据,也是选种过程中是否选留的决定因素。

1. 畜禽生产力的种类 畜禽的种类不同,生产用途和特性也各异,因而它们的生产力的测定指标也各不相同,一般分为六大类,即产肉力、产乳力、产皮毛力、役用能力、产蛋力和繁殖力,不同类型的生产力鉴定时所选用的性能指标如表4-1-2所示。

表4-1-2 畜禽不同生产力类型评定指标

产力种类	代表畜种	评定的主要指标
产肉力	猪、牛、羊、兔、禽	日增重、饲料转化率、屠宰率、膘厚、肉的品质
产乳力	奶牛、奶山羊	产乳量、乳脂率
产皮毛力	绵羊、绒山羊、毛用兔	剪毛量、净毛率、毛的品质
役用能力	马、牛、驴、骡、骆驼	挽力、速度、持久力
产蛋力	蛋禽	产蛋量、蛋重、料蛋比、蛋的品质
繁殖力	猪、牛、羊、兔	受胎率、繁殖力、成活率、净重率

2. 生产力鉴定时应注意的问题

(1) 统筹兼顾。评定畜禽生产力时，既要兼顾产品的数量，又要看产品的质量。例如，毛用动物羔皮的市场价格受毛皮质量影响大，故在鉴定时质量应放在第1位，数量放在其次，同时还要考虑生产效率和经济效益。

(2) 鉴定的条件相同。畜禽生产力的高低受各种因素影响，故只有在同等条件下进行鉴定比较，鉴定结果才相对客观。例如，在比较不同奶牛的产乳量时，因乳脂率不同，所以无法比较，只有将不同乳脂率的乳量统一换算成乳脂率为4%的标准乳量，再进行比较才具有可比性。

（四）系谱鉴定

系谱是某个畜禽近几代祖先的记录，它记录了种畜禽祖先的编号、名字、生产成绩、发育状况和外形评分，以及有无遗传性疾病和外形缺陷等。系谱鉴定是通过审查种畜禽的系谱来判断其种用价值优劣的方法。系谱一般记载个体3~5代祖先的资料，代数太远则对种畜禽的选种选配意义不大。

1. 系谱分类 一般有5种型类：即横式系谱、竖式系谱、结构式系谱、箭头式系谱和畜群系谱。目前，最常用是横式系谱和竖式系谱。

(1) 横式系谱。被鉴定的种畜禽名号记在系谱的左边，历代祖先按顺序向右记载，采取公畜禽在上，母畜禽在下的格式填写成系谱。系谱正中可画一横虚线，上半部为父系，下半部为母系。横式系谱格式如图 4-1-3。

(2) 竖式系谱。被鉴定的种畜禽名号记在系谱的上端，下面是父母，再向下是父母的父母。每一代祖

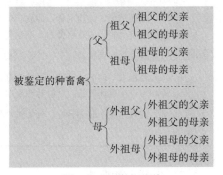

图 4-1-3　横式系谱

先的公畜禽记在右侧，母畜禽记在左侧。系谱正中画一垂线，右半部是父系，左半部是母系。竖式系谱格式如表 4-1-3。

表 4-1-3　被鉴定的种畜禽

I	母				父			
II	外祖母		外祖父		祖母		祖父	
III	外祖母的母亲	外祖母的父亲	外祖父的母亲	外祖父的父亲	祖母的母亲	祖母的父亲	祖父的母亲	祖父的父亲

2. 系谱鉴定 通过分析各代祖先的生产性能、生长发育、体质外貌、有无遗传疾病等资料，对比估计该种畜的种用价值。同时，还可以了解它们之间的亲缘关系、近交情况、选配情况等，为以后的选配提供依据。具体方法：将两头或两头以上种畜的系谱放在一起进行比较，主要比较生产性能和外形，其次注意有无遗传缺陷、近交情况等。比较时，同代祖先对比，即亲代与亲代、祖先与祖先，因亲代对被鉴定的种畜影响大于祖代，祖代大于曾祖代，故对比时应强调近代祖先的品质。

（五）同胞鉴定

1. 同胞测定　是指根据畜禽个体的兄弟姐妹的某性状平均表型值的高低来确定个体的种用价值。可分为全同胞（同父同母）鉴定、半同胞（同父异母或同母异父）鉴定、全半同胞混合鉴定。

2. 同胞鉴定的方法

（1）不能测定的性状。例如，进行公猪的胴体性状鉴定时，可在该公猪的全、半同胞的窝次中选出 3～4 窝，每窝中选 4 头（2 公、2 母），同圈饲养到一定体重时屠宰，根据该圈猪胴体性状的表型值来间接确定被鉴定公猪是否选留。

（2）限性性状。例如，鉴定乳用公牛的产乳量，可用 20 头以上的半同胞姐妹的产乳平均成绩作为鉴定依据。

（六）后裔鉴定

1. 后裔鉴定　就是以被鉴定种畜后代的平均表型值来选留。因后裔鉴定所需时间长，耗费大，一般只用于公畜和低遗传力性状进行鉴定。

2. 后裔鉴定的方法

（1）母女对比法。用被鉴定的种畜所生女儿的平均成绩与配种母畜的成绩相比较。女儿平均成绩超过母亲的，则该公畜为优良种畜；女儿平均成绩不如母亲的，则该公畜为不良种畜。例如，某牛场 30 号公牛，它的 25 头女儿第 1 胎平均产乳量为 4 450kg，而女儿的母亲第 1 胎平均产乳量为 4 045kg，女儿产乳量超过母亲 405kg，说明该公牛为优良种畜。此方法的优点是简单易行，缺点是母女所处年代不同、胎次不同，饲养条件和生理上有差异，均会给鉴定带来一定影响。

（2）同群比较法。即同期同龄女儿比较。例如，鉴定种公牛时，每头小公牛于 12～15 月龄采精，随机配种 220 头母牛，然后测定各公牛同期同场的女儿第 1 胎平均产乳量，并进行比较。此法的优点是配种、产仔时间一致，而且后代饲养条件相同，误差较小。

三、选种的方法

畜禽选种是在鉴定的基础上进行的，其依据是种畜鉴定的成绩。判断种畜的种用价值高低最直接的指标是育种值，而育种值的依据来自种畜本身、亲属（祖先、同胞、后裔）所提供的遗传信息，即本身和亲属的鉴定成绩。按照选种的性状数目差异，选种方法可分为单性状选种和多性状选种。

（一）单性状选择

在育种工作中，对单个性状进行选择时，不考虑其他性状的状态和影响，可以采用个体选择法和依据亲属信息的选择法进行选择，其中个体选择法是最直观、简便的方法。

个体选择法，就是根据畜禽个体表型值的高低进行选留的方法。具体做法是择优选留，把畜群中各个体表型值按由高到低的次序依次排列，从高到低选留，直到达到留种数为止。此方法适用于遗传力高的性状，例如猪的体长、肉的品质等。

(二) 多性状选择

在育种工作中，对单个性状选择的情况很少，很多情况是选择几个性状，例如猪的选种，即是选择产仔数、饲料转化率和胴体性状；奶牛的选种，即是选择产乳量、乳脂率和乳脂量等。主要方法有：

种公牛的选择

1. 顺序选择法　是指对所要选择的几个性状依次逐个进行选择。即选择一个性状，达到预定的育种目标后，再进行下一个性状的选择，如此逐个选择下去。优点：遗传进展较快，选种效果好。缺点：若选择的性状之间存在负相关，则选种过程会出现顾此失彼，而且无法选择下去。

2. 独立淘汰法　是对每个所要选择的性状，都制订出一个最低的选留标准。只有各个方面都达到最低标准才选留，只要一个性状没有达到标准，都不能留作种用。优点：标准具体，容易掌握。缺点：会将某一项指标未达标，而其他性状均优秀的个体淘汰，故选出来的大多是性状表现一般的个体，后代的遗传改进不明显。

种公羊的选择

3. 综合指数法　为了克服以上两种方法的缺点，可将所要选择的几个性状依据其遗传力和经济重要性的大小，分别给予不同的加权系数，综合成一个可以比较的数值，这个指数就是综合选择指数，这种选择方法就是综合指数法。优点是能获得最快的遗传进展，取得最好的经济效益，是目前比较理想的一种选择方法。

任务 2　选　　配

【任务目标】

知识目标

1. 了解选配的概念和意义。

2. 了解近交的遗传效应和防止近交衰退的措施。

3. 掌握选配方法和选配计划的拟订方法。

技能目标

能根据实际配种需要，拟订合理的选配计划。

【相关知识】

一、选配的概念和意义

(一) 概念

选配就是有计划、有目的地让公、母畜（禽）进行交配，以便定向组合后代的遗传基础，使之产生优良的后代。选配的实质就是人为地对畜禽交配进行干预，有目的地让优良种畜（禽）进行配种，有意识地创造理想后代。

（二）意义

1. 改变遗传结构，培育新的理想类型 种畜（禽）交配双方的遗传基础是不同的，所生的后代是父母双方的遗传基础的重组，与父母双方任何一方均不相同，产生了变异，为我们培育新的理想类型提供了素材。

2. 能稳定遗传，固定理想性状 育种时，为了固定某个优秀性状，可采取遗传基础相同或相似的个体进行交配，使此性状得以逐代纯合，该性状也就固定下来了。

3. 控制变异方向，突出某些性状变异 畜禽群中出现某些有益的变异时，将具有该变异的优良种畜（禽）选出，经过多代选配突出此变异，以致扩大成为一个新的类群，例如，地方黄牛与引入牛配种，向肉牛或奶牛方向发展。

选种和选配是畜禽改良和育种的重要环节，选种是选配的基础，选配又为选种提供资源并促进选种效果的实现，故只有两者有机结合，才能不断产生理想的畜禽个体。

二、选配的方法

（一）品质选配

品质选配是指根据性状的表型相似性进行的选配。品质，既指一般品质，如体质外貌、生产性能、生物学特性、生长发育等方面的品质，也包含遗传品质，如育种值的高低等。依据交配双方品质对比，可分为同质选配和异质选配。

1. 同质选配 选用性状相同、性能表现一致或育种值相似的优秀公母畜禽交配，即同质选配。同质选配时，也常常用到"相似的与相似的交配""优配优"等说法，其目的是获得与双亲相似的后代，使畜群中具有父母优良性状的个体数量不断增加。例如，红色被毛公牛与红色被毛母牛交配，即为同质选配。

在育种实践中，不管是品种的纯繁还是杂交育种过程中得到了理想类型，要固定下来，都要采用同质选配，但在使用同质选配时也可能产生些不良影响，如种群内异质性减少，种畜的某些有害基因同质结合，可能造成后代适应性和生活力下降。

2. 异质选配 选用不同品质的公、母畜禽交配，即异质选配。异质选配的作用是通过基因重组，综合双亲的优良性状来提高后代的品质，创造新类型。异质选配有两种情况：

（1）选择不同优良性状的公、母畜（禽）交配，目的在于将两个性状结合在一起，从而获得兼具双亲不同优点的后代。例如，将毛长与毛密的羊交配，以获得产毛量高且毛长的个体。

（2）选择在同一性状上优劣程度不同的公、母畜（禽）配种，即所谓的"以好改坏""以优改劣"，以优良的性状纠正不良性状，目的在于获得某一性状有所改进的后代。例如，用体长的公猪与体短的母猪配种，可使后代的体长变长。

在异质选配中，两个极端个体交配趋向于产生中间类型的个体，减少极端类型后代产生的概率，从而使后代个体的均匀度增加。若育种目标为增加具有优势的中间类型个体在群体中的比例，异质交配为较适宜的选配策略。但需注意，异质交配并不能矫正缺陷，让具有相反缺点的公母畜进行交配得到正常后代，反而可能使后代的缺陷更加严重，如凹背黄牛与凸背黄牛交配等。

育种过程中，同质选配和异质选配要有机结合。在育种初期，为了得到理想类型，可采用异质选配；出现理想类型后，又要把优良性状固定下来，应转为同质选配。

（二）亲缘选配

亲缘选配是依据交配双方间的亲缘关系进行选配。如果双方之间存在亲缘关系，就称近亲交配，简称近交；如果双方之间不存在亲缘关系，就称远交。亲缘关系远近示意见图 4-1-4。

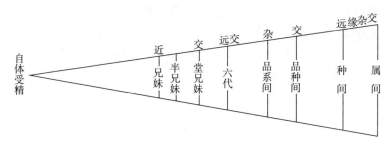

图 4-1-4　亲缘关系远近示意

（张沅，2008. 家畜育种学）

1. 近交的遗传特点和应用

（1）近交使得个体基因纯合，群体分化。随着近交程度的增加，后代的基因纯合性得到提高，同时群体则分化成若干个各有特点的纯合类型。因此，可以利用近交使基因纯合的特点来固定畜禽种群的优良性状；利用近交使群体分化的特点来提高畜禽种群的同质性。如果结合选择，即选留理想的品系，淘汰不理想的品系，便可获得同质而理想的畜禽种群。

（2）近交降低群体均值。因近交使得纯合子频率增高，杂合子频率减少，故群体均值因杂合子减少而降低，这是近交衰退的主要根源。

（3）近交揭露有害基因。因隐性有害基因只有在纯合情况才能表达，而近交使得基因纯合，增加了有害隐性基因的表达概率，有助于发现和及时淘汰携带有害基因的个体，进而降低有害基因表达的频率。例如，在猪的近交后代中，往往出现畸形胎儿，若能及时将产生畸形胎儿的母猪一律淘汰，就会大大减少以后出现畸形后代的可能。

（4）近交可保持优良个体血统。按照遗传原理，任何一个祖先的血统，在非近交情况下，都有可能随世代的遗传而逐渐冲淡甚至消失。只有借助近交，才能使优良祖先的血统长期保持。因此，当畜禽种群中出现了某些特别优秀的个体，需要尽量保持优良个体的特性时，就需考虑采用近交。例如，当公牛中出现一头特别优秀的优良公牛，为了保住它的特性，并扩大它的影响，只有让这头公牛与其女儿交配，或让其子女相互交配，或采用其他近交形式才能达到这个目的。

2. 近交衰退

（1）近交衰退的表现。生活力降低，繁殖力下降（生前死亡率提高，导致初生窝产仔数下降；生后抗病力下降，对急剧变化与应激的环境适应能力减弱，从而仔畜成活率降低），遗传缺陷发生率增高，生长受阻，与生活力有关联的某些数量性状的均值有所下降。

（2）防止近交衰退的措施。近交虽有很多用途，但也有不利之处，即可能产生近交衰退。因此，应用近交时要特别注意近交衰退的发生，防止近交衰退可以采取以下措施：

①加强饲养管理。个体的表现型受到遗传和环境的双重影响，近交产生的后代个体，具

有种用价值高、遗传稳定、但因生活力差的特性，对饲养管理条件要求较高。若加强饲养管理，就可使衰退现象得到缓解、不表现或少表现；若饲养管理条件不良，衰退就可能通过各种性状表现出来。

②血缘更新。为防止近交不良影响的过多积累，可引入些同品种同类型但无亲缘关系的种公畜来进行血缘更新，提高后代的生活力。以此为目的的血缘更新，要注意同质性，即引入有类似特征、特性的种畜，因为如引入不同质的种畜进行异质交配，将会使近交的作用受到抵消，以致前功尽弃。

③做好选配。在繁育过程中尽量多留公畜，就不至于被迫进行近交，就算是需要近交，也能在可控范围之内。

④严格淘汰。严格淘汰是近交中必须遵循的原则，在后代的选配过程中，严格按照育种要求进行个体淘汰。所谓淘汰，就是将不合理想要求的、生产能力低下、体质衰弱、繁殖力差、表现出有衰退迹象的个体从近交群中清除。

3. 近交的注意事项

由于近交会有近交衰退的风险，在近交中应尽可能避免近交衰退的产生，同时也要避免不必要的近交。

（1）近交必须伴随选择。及时淘汰已暴露出的隐性有害基因个体，提高畜群的遗传质量。

（2）依畜种、品种的不同，根据育种目的与畜群条件，灵活运用近交。控制近交程度，随时分析近交结果，必要时转为非近交，从群外引入种畜。

（3）加强对近交后代的饲养管理。因近交后代基因趋于纯合，对外界条件适应面变窄，对变化着的环境较为敏感。

（4）严禁在商品群中进行近交。因商品群无纯化畜群任务，主要任务在提高生活力和繁殖力。

三、选配计划的拟定

选配计划是根据育种工作的需要，充分利用现有种用资源，有意识、有计划地进行公母畜交配，以期获得需要的后代。

（一）选配的原则

在选配计划的制订中，应遵循以下原则：

1. 明确育种目标　各项具体工作均应根据育种目标进行，应全面、综合的进行考虑，选择最主要、最急于改进的性状作为主要育种目标。对于改良的性状，不能选择过多，否则影响遗传改良的效果。

2. 选择亲和力较好的公母畜　在选配组合上，应充分了解畜群中各个体以往选配后的后裔品质特点，依照目标要求，选择个体间亲和力好的进行配对。要维持原有的良好组合，又要考虑后代新增的品质。

3. 公畜等级应高于母畜等级　因公畜的影响较大，具有带动和改进整个畜群的作用，而且选留的数量少，故其等级和质量应高于母畜，最低限度也应选择与母畜同级。

4. 正确运用同质选配和异质选配　对于优秀的公母畜，要采用同质选配为主，以巩固其优良特性，在适当的情况下进行异质选配，丰富和完善后代的性能；对于一般的公母畜，可采用异质选配，创造出符合目标的后代，再以同质选配固定；对改良到一定程度的畜群，不能使用本地公畜或低级杂种公畜来配种，以免导致改良后退。

5. 严禁用相同缺点或相反缺点公母畜进行配种　在选配中，严禁用具有相同缺点（如毛短与毛短）或相反缺点（如凹背与凸背）的公母畜交配，否则会导致缺陷的加剧。只能选择具有需改良性状最佳状态效果的公母畜来改良存在的缺陷。

6. 慎用近交　近交会导致群体品质衰退，使家畜出现生长速度低、繁殖性能减退、生活力降低等现象，在选配计划的制订中，要尽量避免近交。近交只能控制在育种群中必要时使用，它是一种短期内局部采用的方法。

（二）选配计划的拟订

1. 选配计划拟订的准备　选配计划的拟订，应做好以下准备工作：

（1）分析选配畜禽的品种情况。分析畜群的历史和品种的形成过程，了解其系谱结构、畜群现有水平和需要改进提高的地方，对畜群进行鉴定。

（2）分析以往的交配结果，以便寻找良好的交配组合。了解以往公畜和母畜的交配效果，对已经产生良好效果的交配组合，采用"重复选配"的方法；对还未交配过的初配母畜，则参考其全同胞姐妹或半同胞姐妹的交配效果，让它和已经与其全同胞或半同胞姐妹产生优良后代的公畜进行交配，产生子一代后，再进行鉴定，选择最佳的交配组合。

（3）全面分析参加配种公母畜的基本资料。参加配种公母畜的基本资料包括：系谱、个体品质和后裔鉴定的材料，确定每一头家畜要保持的优点、克服的缺点以及需要提高的品质。后裔鉴定材料可直接为选配提供依据，找出最佳的交配组合。具体做法如下：

①分析交配双方的优缺点。将母畜每头或每群（按其父畜分群）列成表，分析其优缺点，根据这些优缺点选配最恰当的公畜。

②绘制畜群系谱图。畜群系谱能一目了然地了解清楚畜群间的亲缘关系，以便分析个体之间的亲缘关系，防止近交。

③分析系、族间的亲和力。从畜群系谱可追溯各个体所属系、族，然后比较不同系、族后代的选配效果，以判断不同系、族间亲和力的大小。

2. 选配计划的拟订　选配计划又称选配方案，选配计划没有固定的格式。选配计划是以育种目标为目的，依据畜群的用途、特点、后裔品质、亲缘关系、选配原则、选配方法和预期效果等进行的综合考虑，一般应包括每头公畜和与配母畜编号（或母畜群别）及其品质说明、选配目的、选配原则、亲缘关系、选配方法、预期效果等。选配计划执行后，应具体分析选配效果，按"好的维持，坏的重选"的原则，对选配计划进行修订。

 自 我 测 试

一、名词解释

1. 选种　2. 体质　3. 同胞鉴定　4. 亲缘选配　5. 近交衰退

二、填空题

1. 外貌鉴定的方法有：肉眼鉴定、_____。

2. 系谱一般分为五种类型，分别是：_____、_____、结构式系谱、箭头式系谱和畜群系谱。

3. 按照选种的性状数目差异，选种方法可分为_____和_____。

4. 在育种工作中，对单个性状选择的情况很少，很多情况是对多性状进行选择，主要方法有：_____、_____和综合指数法。

5. 品质选配可分为同质选配和_____。

三、判断题

（　　）1. 竖式系谱中，被鉴定的种畜禽名号记在系谱的上端，下面是父母，再向下是父母的父母。

（　　）2. 同胞测定通常用于窝产仔数、产乳量等繁殖性状的测定。

（　　）3. 选用不同品质的公、母畜禽交配，即是同质选配。

（　　）4. 为防止近交衰退，任何情况下切勿利用具有亲缘关系的个体进行交配。

（　　）5. 对于优秀的公母畜，要采用异质选配为主，以巩固其优良特性，在适当的情况下进行同质选配，丰富和完善后代的性能。

四、简答题

1. 试述选配的概念及其意义。

2. 试述近交的遗传特点和应用。

3. 试述防止近交衰退的措施。

项目二

品种与品种繁育

【项目任务】

1. 了解品种的概念及条件，掌握品种的分类方法。
2. 了解本品种选育的概念和意义，掌握本品种选育的措施。
3. 了解品系的概念、作用，掌握品系建立的方法。

任务 1 品 种

【任务目标】

知识目标

1. 了解品种的概念及条件。
2. 掌握品种的分类方法。

技能目标

能对品种进行正确的鉴定和分类。

【相关知识】

一、品种的概念

畜禽品种，是在一定的社会条件和自然条件下，通过选种、选配培育而成，具有一定的经济价值和主要性状遗传性比较一致的动物群体，在产量和品质上比较符合人类的要求，是人类的农业生产资料。

二、品种的条件

1. 有较高的经济价值 作为一个品种，必须是生产水平高、产品质量好或有特殊的用途，能为人类提供具有经济价值的产品。

2. 来源相同 同一品种畜禽必须有基本相同的血统来源，个体彼此间有着血统上的联系，故其遗传基础也非常相似。

3. 遗传性稳定 品种必须具有稳定的遗传性，才能将其典型的特征遗传给后代，使品种得以保持下去。但遗传的稳定性是相对的，有赖于我们的选择作用。

4. 足够的数量　品种内要有足够的畜禽数量才能进行合理选种选配工作，而不会被迫进行近交。例如，猪的新品种规定至少应有 5 个以上不同亲缘系统，50 头以上种公猪和 1 000 头种母猪。

5. 一定的结构　在具备基本共同特征的前提下，一个品种的个体可以划分为若干个具特点的类群，如品系或亲缘群。这些类群可以使自然隔离产生，也可是有意识地培育而成，构成了品种内的遗传异质性，为品种的遗传改良和提供丰富多样的畜产品提供了条件。

6. 特征、特性相似　同品种畜禽在体型外貌、生理性能、主要经济性状和对自然环境的适应性等方面都很相似，构成了该品种的基本特征，据此很容易与其他品种相区别。例如，荷斯坦牛的毛色基本上都是黑白相间的、杜洛克猪的毛色多是棕色的。

三、品种的分类

1. 按培育程度分类

（1）原始品种。在农业生产水平较低，饲养管理粗放的条件下，经过长期的自然选择和人工选择而形成。例如，蒙古马和蒙古牛。

（2）培育品种 经过明确的目标选择而培育出来的品种。该品种培育程度较高，要求的饲养管理条件高，育种价值也高。例如，新金猪和新淮猪。

（3）过渡品种。在培育品种过程中，有些品种还达不到培育目标，但比原始品种的培育程度高，故称这一类品种为过渡品种。

2. 按经济类型分类

（1）兼用品种。是指具有两种或多种用途的品种，兼用品种一般体质结实，适应性强，生产力高。例如，乳肉兼用的西门塔尔牛、毛肉兼用的新疆细毛羊、肉蛋兼用的浦东鸡。

（2）专用品种（专门化品种）。因人们长期选择和培育，使品种某些特性得到提高，某些组织器官发生了变化，从而能专门生产某一种畜产品或具有某种特定能力的品种，专用品种一般生产性能高，饲养管理要求严格。例如，鸡有蛋用品种或肉用品种、猪有脂肪型品种和瘦肉型品种。

任务 2　本品种选育与品种繁育

【任务目标】

知识目标

1. 了解本品种选育的概念和意义。

2. 了解品系的概念、类型和作用。

3. 掌握本品种选育的措施。

技能目标

熟悉品种选育措施和品系建立方法，在育种工作合理采用。

【相关知识】

一、本品种选育

（一）概念

本品种选育是指在一个品种内部进行选种选配、品系繁育和改善培育条件等措施，来提高品种生产性能的一种方法。

（二）意义

品种选育的意义是保持和提高品种纯度，克服某些缺点，全面提高品种质量。故当一个品种的生产性能基本上符合市场需求时，不用改变生产方向。一个品种具某种特殊经济价值，或生产性能虽低，但适应当地特殊的自然条件和饲养管理条件较好时，都可以采用本品种选方法来保种和提高其生产性能。

（三）本品种选育的措施

本品种选育包括地方品种选育和引入品种选育。

1. 地方品种的选育

（1）地方品种的特点。地方品种是在当地自然条件和经济条件下经人们长期选育而成的，具有体质强壮、耐粗饲、适应性强、抗病力强的特点。地方品种较多，有的生产性能和选育程度高；有的生产性能和选育程度低。故对于不同的地方品种，应采用不同的选育方法。

（2）地方品种选育的基本措施。

①地方品种普查，制订选育规划，确定选育目标。首先，组织专业人员查清地方品种的数量、分布、主要生产性能和优缺点等；其次，根据目前经济发展和人们生活水平的需求，制订地方品种的保存和利用规划，并确定选育目标。

②划定选育基地，建立良种繁育体系。在地方品种主产地划定选育基地，并在此范围内建立育种场、良种繁育场、一般饲养场的三级良种繁育体。育种场是建立选育核心群，培育优良的纯种公母畜，为良种繁育场提供种畜禽；良种繁育场则是扩大良种数量，再供给一般饲养场；一般饲养场则主要生产商品畜禽。

③严格执行选育目标。按国家统一技术指标，及时、准确地做好性能测定工作，建立健全种畜档案。

④开展品系繁育。采用品系繁育能加快选育进程，较快地收到预期效果。

⑤做好组织协调工作。地方品种选育过程中，时间长、涉及面广，故需要统一组织领导，制订选育方案，各单位应分工协作，共同完成。

2. 引入品种的选育　引种就是把外地或国外的优良品种、品系引入当地进行直接推广或作为育种的材料培育成当地的一个类似品种。

（1）引种应注意的事项。

①正确选择引入品种。应据社会经济发展和市场需求进行有目的引种。同时，要看引入

品种是否适应当地条件。

②慎重选择引入个体。引入个体须具有品种特性、体质结实、健康无病、生长发育好、无遗传疾病的幼年个体。为节约成本，可引入良种公畜的精液或胚胎。

③严格检疫。引种前加强种畜检疫，引入到目的地后实行隔离观察制度。

④引种方法要注意。一是少量引进，精心饲养，逐渐扩大数量。二是合理安排引种季节，注意种畜原产地和引入地的气候差异。如温暖地区引到寒冷地区，适于夏季引种；而由寒冷地区到温暖地区，则适于冬季引种。三是加强适应性锻炼，尽可能地为引入种畜提供较好的饲养管理条件，同时加强适应性锻炼，使之尽快适应新地区的自然和饲养管理条件。

（2）引入品种选育的主要措施。

①集中饲养，逐步过渡。因引入种畜较少，所以应集中饲养，以利于驯化和开展选育工作。同时，对引入种畜采取逐渐过渡的方法，使之逐步适应。

②逐步推广，开展品系选育。对引入种畜进行驯化，逐步扩大数量，提高质量，再逐步推广到各生产场。通过开展品系繁育，在保持原有品种优良特性的基础上，通过品系间杂交来提高生产性能和建立自己的特有品系。

二、品系繁育

（一）品系的概念和类型

1. 概念　品系是品种内具有共同突出的优点，并能将这些优点稳定遗传下去的种畜禽群。品系是品种内的一种结构单位，它符合该品种的一般要求，又有其突出的优点。

2. 类型　因建系方法、目的、侧重点的不同，品系主要包括如下类型：

（1）近交系。连续的 2～6 代的同胞间交配而建立起来的遗传纯度和遗传相似性较高或很高的群体。在养鸡业中，常利用近交系杂交，培育蛋用和肉用新品种。

（2）单系。整个品系畜禽群来源于同一优秀系祖，且有与系祖相似的外貌特征和生产性能的种畜禽群。卓越的系祖通常是公畜而不是母畜，因为公畜的后代比母畜的多，且单系多是以系祖的编号或名字命名，例如，哈白猪中有一品系的系祖是 2-6 号，故该品系为 2-6 号品系。

（3）群系。选择有共同优良性状的个体组成基础群，开展群内闭锁繁育，巩固和扩大该优良性状的群体而发展起来的品系，一般适用于在培育新品系时使用。

（4）地方品系。依据动物所处自然条件和饲养管理情况，以及人们对品种的要求，制订出不同选留标准，而形成的具有不同特点的地方类群。例如，太湖猪形成了几个不同品系，沙乌头猪、枫泾猪、梅山猪、花脸猪等。

（5）专门化品系。专门化品系是指具有突出的优良性状，专门用于某一配套杂交的品系。常用的专门化培育方式是按父系和母系分别进行培育，以期在商品畜禽中得到最大的杂种优势。作为父系，突出的优点是生产性状，如生长速度、饲料转化率、瘦肉率等；作为母系，突出的优点则是繁殖性状，如产仔数、窝产仔数等。

（6）合成系。合成系是由两个或两个以上品种或品系杂交，经过若干世代选育出具有综合性状优势的品系。建立合成系的优点是可以通过杂交扩大变异，较快地育成理想中的杂交亲本。在鸡和猪生产中都有应用。例如，莱芜猪母本合成系的培育、中国农业大学的商品蛋鸡配套系"农昌1号和农昌2号"的培育。合成系的形成和利用，见图4-2-1。

3. 作用　品系作为家畜育种工作最基本的种群单位，在加速现有品种改良，促进新品种育成和充分利用杂种优势等育种工作中发挥了巨大作用。

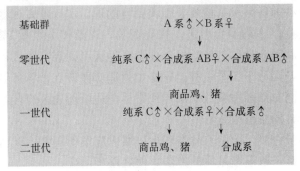

图 4-2-1　合成体系的形成和利用

（李青旺，2002. 畜禽繁殖与改良）

（二）品系繁育的方法

目前生产上品系繁育的方法很多，主要包括表型建系法、系祖建系法、近交建系法。

1. 表型建系法　表型建系法又称群体继代选育法，它以生产性能的表型值和体型外貌为选育目标，选择建系的基础群，经过闭锁繁育，几个世代系统选育，形成遗传稳定、经济性状突出的品系。该法建系步骤如下：

（1）组建建系基础群。选择基础群时，公畜之间、公母畜之间应没有亲缘关系，一般要求具有足够的公畜，且公母畜比例合适。

（2）闭锁繁育。基础群选出后，不能再引入其他来源的种畜禽，严格闭锁。

（3）严格选种。按选育目标，严格选留。

2. 系祖建系法　最早的建系方法，但现在仍然在使用。适用于低遗传力性状的高产畜群的建系。该法建系步骤如下：

（1）组建基础群。基础群是建系的素材，组建得好坏关系到未来品系的质量，必须十分重视。

①制订选育目标和指标。根据畜牧生产的发展需要和市场要求确定。例如，我国地方猪种培育，主要作为杂交母本，则品系选育目标就以提高产仔数、哺乳能力等繁殖力为主。

②系祖选择。只有突出的优秀个体，才能作为系祖，系祖的条件：一是独特的优良性状，遗传稳定，其余性状中等以上成绩；二是体质强壮，无遗传缺陷；三是有一定数量的优秀后代。

③与配母畜和继承母畜的选择。与配母畜或继承母畜应具备的条件：一是符合选育目标，体型外貌符合品系特征，性能指标达到或接近选育目标；二是与系祖无亲缘关系，但是品质相同。

（2）选育亲缘群。采用同质选配的方法建立亲缘群。

（3）纯繁与扩大亲缘群。亲缘群建立后，通过群内近交或重复选配等方法进行纯种繁育，增大亲缘群数量。

3. 近交建系法　选择足够数量的公母畜以后，根据育种目标进行不同性状和不同个体间的交配组合，然后进行高度近交，使优秀性状迅速固定下来。它与系祖建系不同，它不是围绕系祖，而是以一个基础群开始高度近交。该法建系步骤如下：

（1）建立基础群。最初的基础群要求足够大，母畜越多越好，公畜数量则不宜过多且相互间应有亲缘关系，通常以性能优秀、遗传稳定、无遗传缺陷为目标建立基础群。

（2）实行高度近交。国外采用连续全同胞交配来建立近交系，但要注意近交程度高，后代易出现近交衰退，因此可以采取小群分散建立支系，再建立近交系。

（3）选留。近交4～5代后，一旦出现优良性状组合，马上选择并大量繁殖来加快近交系的建成。近交系的建立和利用见图4-2-2。

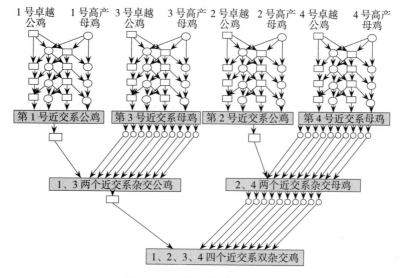

图4-2-2　近交系的建立和利用

（耿明杰，2006. 畜禽繁殖与改良）

自 我 测 试

一、名词解释

1. 品种　2. 品系　3. 表型建系法　4. 专门化品系　5. 近交系

二、填空题

1. 品种按照培育的程度可分为：_____、_____和过渡品种。

2. 本品种选育包括_____和_____。

3. 因建系方法、目的、侧重点的不同，品系主要包括以下类型：_____、_____、_____、单系、群系、合成系。

4. 目前生产上品系繁育的方法很多，主要包括_____、_____、近交建系法。

5. 近交建系法的步骤如下：_____、_____、_____。

三、判断题

( ) 1. 只要具有基本相同的血统来源的群体，即是品种。

( ) 2. 引种前要加强种畜检疫，引入到目的地后实行隔离观察制度。

( ) 3. 在长期的培育过程中，太湖猪形成了几个不同的专门化品系，如：沙乌头猪、枫泾猪、梅山猪、花脸猪等。

( ) 4. 基础群是建系的素材，组建得好坏关系到未来品系的质量，必须十分重视。

( ) 5. 近交建系法是围绕系祖，而进行高度近交的品系繁育方法。

四、简答题

1. 试述作为一个品种必须具备的条件。

2. 试述本品种选育的概念和意义。

3. 试述引种的概念及其注意事项。

项目三

杂 交 利 用

【项目任务】

1. 了解杂交的概念和作用，掌握常用杂交改良的方法。
2. 了解杂种优势的概念及提高杂种优势的措施。
3. 掌握常用的经济杂交方法。
4. 掌握某性状的杂种优势率的计算。
5. 能正确画出两品种、三品种轮回杂交模式图。

任务 1 杂交及杂交的方法

【任务目标】

知识目标

了解杂交的概念和作用。

技能目标

掌握杂交改良的方法，并能区分引入杂交、级进杂交和育成杂交的过程和适用情况。

【相关知识】

一、杂交的概念及作用

1. 概念 从畜牧学角度看，杂交是指不同种群（种、品种、品系）的公母畜的交配。从遗传学的角度看，杂交是两个基因型不同的纯合子之间的交配。产生的后代称为杂种。

2. 作用

（1）改良畜禽的生产方向。例如，利用国外肉牛改良本地黄牛，使本地黄牛从役用改为肉用。

（2）综合双亲优良性状，育成新品种。因杂交能使基因重组，综合双亲优良性状，产生新的类型。例如，中国荷斯坦牛就是用产乳量高的荷兰荷斯坦牛等乳用牛品种与中国的本地品种牛进行杂交后，经过一系列培育措施培育出来的。

（3）产生杂种优势，提高生产力。在生产实践中，杂交能显著提高生产力。如猪的杂交能提高育肥增重 10%～20%，断乳窝重提高 8%～17%。

二、杂交改良的方法

许多地方品种历史悠久、适应能力强，对饲养管理要求不高，但生产性能低或者其畜产品的种类质量等不能满足市场需求，用优良的外来品种与之杂交，改进地方品种的缺点，提高其生产性能的方法称为杂交改良。杂交改良是畜牧业提高经济效益和培育新品种的重要途径，主要有导入杂交、级进杂交和育成杂交。

1. 导入杂交 又称引入杂交，是指用引入品种来改良原有品种的某些缺点并保留原有品种的基本特性的杂交改良方法（图 4-3-1）。导入杂交的主要目的是改正地方品种的某种缺点或提高某个生产性能，同时还要保留其他优良特性，一般用外来品种与当地品种杂交一次，常应用于地方品种选育、新品种的培育。

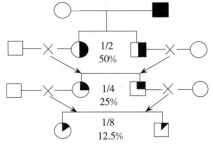

○ 原有品种母畜　□ 原有品种公畜
■ 导入品种公畜

图 4-3-1 导入杂交
（欧阳叙向，2001. 家畜遗传育种）

（1）方法。首先用引入品种的公畜（禽）与原有品种的母畜（禽）杂交 1 次，从杂交后代中选出理想的杂种后代再与原有品种回交，产生含有 1/4 引入品种"血液"和 3/4 原来品种"血液"的后代（即是回交一代）。若杂种回交一代已经达到理想类型，则进行横交固定，若未达到要求，再进行回交。

（2）导入杂交应注意以下问题。

①严格选择引入品种。引入品种的生产方向，应与原来品种基本相同，但具有针对原来品种的缺点的突出优点，且这个优点能稳定遗传。

②严格选择引入公畜。导入杂交主要是用引入品种的公畜来提高原来品种的某种特性或性状，并且要求 1 次杂交解决很大问题，因此，公畜的选择必须严格。

③引入外血量适当。在使用导入杂交时，一般引入外血的量不超过 1/8～1/4，如果引入外血量过多，则不利于保持原有品种的特性。

④加强亲本和杂种的培育。一方面，要加强对亲本和杂种选育；另一方面，要创造有利于亲本和杂种良好的饲养条件，它是导入杂交得以成功的重要保障。

2. 级进杂交 又称改造杂交或吸收杂交，就是选择改良品种的优良公畜与被改良品种的母畜交配，所得杂种母畜又与改良品种的优良公畜交配，如此连续几代将杂种母畜与改良品种的优良公畜回交，直至被改良品种得到根本改造。该方法是以引入品种为主，对原有品种进行彻底改良的一种杂交方法（图 4-3-2）。例如，役用牛改为肉用牛、粗毛羊转为细毛羊、脂用型猪变为瘦肉型。

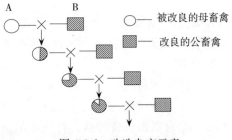

○─ 被改良的母畜禽
▨─ 改良的公畜禽

图 4-3-2 改造杂交示意
（李青旺，2001. 畜禽繁殖与改良）

（1）方法。用改良品种的公畜和被改良品种的母畜杂交，所产生杂种代母畜继续与改良品种的公畜杂交，并持续下去，使杂种母畜一代又一代与改良品种公畜回交，达到理想性状后，就可以闭锁繁育。

（2）注意的问题。

①杂交代数适中。杂交代数要根据需要和效果而定，切记单纯追求外血所占比例，否则，会引起杂种体质下降，生产性能降低。

②选择合适的改良品种。改良品种的选择，与改良效果关系极为密切。

③选择优秀的改良用畜。杂交工作的成败及效果，与所用杂交个体的优劣直接相关，无论公母畜都要求水平较高，公畜应尽可能优秀。

④加强对杂种的选择与培育。严格选择杂种，生产性能下降、遗传不稳定的都要进行严格淘汰。

3. 育成杂交　两个或两个以上品种进行杂交，让后代结合几个品种的优良特性，来培育新品种的方法称为育成杂交。根据育种时所用的品种数量进行分类，可分为简单育成杂交和复杂育成杂交。

（1）简单育成杂交。是用两个品种杂交，培育新品种的方法。此法简单易行，所用时间短、育成速度快、成本低。但要求两个品种优点能互补，缺点能抵消。例如，新淮猪就是用大约克猪和淮猪进行正、反杂交育成的。

（2）复杂育成杂交。是用 3 个以上品种进行杂交，培育新品种的方法。此法所用时间较长，成本也高，但能综合几个品种的优点，后代性能提高更快。例如，我国新疆细毛羊就是用 4 个品种的绵羊杂交育成的，它用高加索羊、泊列考斯羊两个品种的公羊与本地哈萨克羊和蒙古羊母羊分别杂交，产生杂种一代母羊后，继续与高加索、泊列考斯种公羊杂交，直到

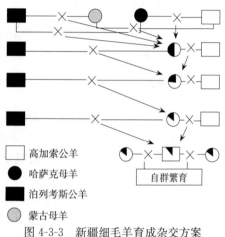

□ 高加索公羊
● 哈萨克母羊
■ 泊列考斯公羊
◐ 蒙古母羊

图 4-3-3　新疆细毛羊育成杂交方案
（耿明杰，2006. 畜禽繁殖与改良）

选出优秀杂种公、母羊再进行横交固定，这样经过长期选育，就培育成新疆细毛羊（图 4-3-3）。

三、杂交改良的步骤

1. 杂交创造理想型　这个阶段主要选择优良的亲本，制订切实可行的杂交方案，通过基因重组，创造出理想类型。

2. 横交固定　当杂交后代出现了理想类型后，可组成繁育基础群，通过杂种后代相互选配，让后代遗传特性稳定下来。

3. 扩群提高　这阶段的任务就是扩大新品种的数量，而且通过进一步选择和培育，甚至可以采取品系间杂交来提高品种的质量。

任务 2　杂种优势的利用

【任务目标】

知识目标

1. 了解杂种优势的概念及表现规律。

2. 掌握提高杂种优势的措施。

3. 掌握杂交优势的计算方法。

4. 掌握常用的经济杂交方法。

技能目标

1. 掌握常用的经济杂交方式，能熟练写出简单杂交、双杂交、三元杂交和轮回杂交的杂交模式图。

2. 掌握杂交优势的计算方法，能计算出两品种、三品种的杂种优势率。

【相关知识】

一、杂种优势的概念

不同的种群（品种、品系或者其他类群）杂交所产生的后代往往在生活力、繁殖力、长势等方面优于亲本的现象称为杂种优势。

二、杂种优势的表现规律

1. 杂交亲本遗传差异越大，杂种优势越明显　选用杂交亲本时，宜选用遗传起源不同或亲缘关系较远甚至是地理起源不同的纯种做杂交亲本，杂交效果更为明显。

2. 杂交亲本越纯合，后代优势越明显　在生产实践中，为了获得较大的杂种优势，宜采用有具有一定遗传纯度的品系作为杂交亲本。用差异较大的两个具有一定遗传纯度的品系杂交，不仅杂种优势明显、稳定，且杂种均一性较好。

3. 同类型杂种互交，杂种优势逐代下降　在商品生产中，不论采用何种杂交方式，都不能让商品后代之间进行互交，不仅会使杂种优势降低，且因为基因的分离重组会使后代性状表现不整齐。

4. 不同类性状的杂种优势程度不同　不是所有的性状都能呈现出杂种优势。遗传力高的性状，杂交时无论亲本的遗传差异度多大，一般只呈现低的或不呈现杂种优势，如胴体性状；遗传力低的性状，则可呈现出较高的杂种优势，如繁殖力和生活力，故杂交已成为改良繁殖力、生活力的主要手段。

5. 环境对杂种优势表现的影响　杂种优势场受到环境条件，如饲养制度、营养水平、健康状况等的影响，故应该给予杂种相应的饲养管理条件，保证期杂种优势的充分表现。

三、提高杂种优势的措施

要提高杂种优势，可以从以下几个方面进行：

1. 杂交亲本的选优和提纯　杂种优势效果的好坏受亲本影响大，因为杂种的优秀、高产的基因是从亲本得来，亲本没有优秀、高产基因，就不能获得良好的杂种优势。"选优"就是通过选择使亲本群体的高产基因频率尽可能增加。"提纯"就是通过选择与近交，使亲本群体的主要性状的基因纯合频率增加。杂交亲本越纯，杂交双方个体差异越大，后代的杂种优势就越明显。

2. 确定最佳的杂交组合　选出品种或品系间的最佳杂交组合。为了获得最佳的杂交组合，选择那些距离较远、来源差别较大、类型特点不同的品种或类群作杂交亲本，杂交母本应选择繁殖能力强、适应性强的本地品种。

3. 建立专门化品系和杂交繁育体系 专门化品系就是专门培育用作父本和母本品系,利用这两个品系杂交可获得显著的杂种优势。因杂种优势的利用是项技术工作,也是一项组织工作,所以只有建立完善的繁育体系,才能不断提高杂种优势利用效果。

四、杂交优势的计算

不同的杂交组合,杂交效果不相同:一般情况下,参与杂交的品种、品系间亲缘关系差异越大,纯度越高,所获得的杂种优势就越大。

杂种优势的大小,用杂种优势来度量,即:

$$H = \bar{F_1} - \bar{P}$$

杂种优势率的计算公式:

$$H\% = \frac{\bar{F_1} - \bar{P}}{\bar{P}} \times 100\%$$

式中:H 为杂种优势值;$\bar{F_1}$ 为子一代杂种平均值;$\bar{P}$ 为两个亲本平均值。为了各性状间便于比较,用杂种优势率来表示杂交效果更为准确。

在多品种或多品系杂交实验中,计算亲本平均值时按各亲本在杂交后代中所占的血缘成分比例的加权平均值。

五、产生杂种优势的方法

杂种优势的利用又称为经济杂交,它的实质就是利用杂种优势来增加畜禽产品产量和提高经济效益。

1. 简单杂交 又称二元杂交,用两个品种(品系)杂交,产生的一代杂种(公、母畜禽)全部作为商品畜禽利用。这种方法简单易行,杂种优势明显。缺点就是不能利用母畜的繁殖性能的杂种优势。另外,还要维持一个数量较大的纯种母畜群,成本较大(图4-3-4)。

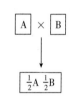

图 4-3-4 二元杂交
(张沅,2008. 家畜育种学)

2. 三元杂交 先用两个品种杂交产生杂种母畜,杂种母畜再与第3个品种的公畜杂交,产生的三品种杂种全部作为商品畜禽利用。从总的来看,三品种杂交比单杂交杂种优势要大得多,同时又能利用杂种母畜繁殖性能的杂种优势;但需要饲养3个纯种,成本较高,且组织工作和技术工作较复杂。主要利用于肉猪生产(图4-3-5)。

3. 回交 两个品种进行杂交,杂种母畜再与两个品种之一的公畜进行杂交,所产生的杂种不论公母都作为商品(图4-3-6)。例如,以长白猪作为父本、民猪作为母本杂交,所得二元长民杂种母猪再与长白猪杂交,所生的二代杂种一律育肥出售。

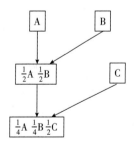

图 4-3-5 三元杂交
(张沅,2008. 家畜育种学)

4. 双杂交 用4个品种或品系分别两两杂交,然后两种杂种间再进行杂交,产生商品畜禽(图4-3-7)。此方法的优点是容易获得更大的杂种优势,同时利用杂种母畜的繁殖优势

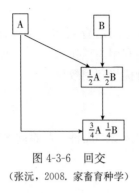

图 4-3-6 回交

（张沅，2008. 家畜育种学）

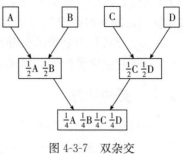

图 4-3-7 双杂交

（张沅，2008. 家畜育种学）

和杂种公畜生长优势。缺点是涉及 4 种种群，组织工作比较复杂。在家禽中保持 4 个品种或品系较容易，故家禽中应用较广。鸡的双杂交具体操作：先利用高度近交法建立 4 个品系，再进行近交系间配合力测定，选择出适宜作父本和母本的单杂交系，然后进行单杂交系间的杂交，选定杂交组合分两级生产杂交鸡，第 1 级是单杂交种鸡，第 2 级是生产的双杂交商品鸡。

5. 轮回杂交　用两个或两个以上品种逐代轮流杂交，各代的杂种母畜，除选留一部分与另一个品种公畜杂交外，其余杂种母畜和全部杂种公畜作为商品畜禽。轮回杂交可分为两品种轮回杂交和三品种轮回杂交（图 4-3-8、图 4-3-9）。主要用于猪、禽、牛的杂交育种。优点：能充分利用母畜的繁殖性能的杂种优势，每代引入纯种公畜少，交配双方差异大，杂种优势明显。缺点：代代都要更换种公畜，而且还要有完善的种畜供应体系作保障，才能完成轮回杂交。

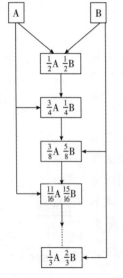

图 4-3-8 二元轮回杂交

（张沅，2008. 家畜育种学）

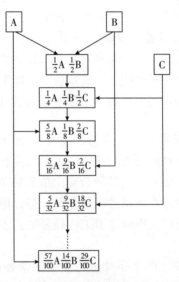

图 4-3-9 三元轮回杂交

（张沅，2008. 家畜育种学）

除上述杂交利用方式外，还有正反交、反复杂交和顶交等杂交育种方式。

六、杂交改良方案制定的基本原则

要达到设计杂交效果，就必须制订可行的、科学的杂交改良方案。制订的基本原则是：

1. 明确杂交改良目标　杂交改良目标要依据市场和人们生活所需来确定。例如，随着农业生产方式的改变，现在许多地方的普通牛改良就要朝着乳用和肉用方向发展。

2. 选择合适的杂交改良方法　具体要根据品种多少和改良目标确定合适的杂交改良方法。

3. 选择杂交亲本，筛选杂交组合　杂交父本可选择引入优良品种，母本可选择地方优良品种，尤其是要加强对父本的选择力度。

4. 建立杂交繁育体系　可根据实际建立三级或四级杂交繁育体系。

5. 加强对杂种的示范推广　可先从大型养殖公司着手，再逐一向下一级推广，直到养殖户，当然技术指导也要同步跟上。

七、远缘杂交

不同种或不同属的公、母畜禽杂交称为远缘杂交，因它们之间遗传结构差异大，故杂种优势也明显。例如，黄牛公牛与牦牛母牛杂交，后代称为犏牛，其个体大、耐粗饲、发育快、适应高原气候，役用性能均高于双亲；母马与公驴杂交，产生骡子，公马与母驴杂交，产生驴骡。这两种杂交后代体质强健、抗病力强、吃苦耐劳，役用性能也强于双亲，在我国北方大量使用。

远缘杂交能产生强大的杂种优势，但其杂交后代往往是不育的。远缘杂交不育的原因多半是来自双亲异源染色体不能正常配对，从而破坏了减数分裂的正常进程和生殖细胞的形成。

 自 我 测 试

一、名词解释

1. 引入杂交　2. 育成杂交　3. 杂种优势　4. 回交　5. 远交

二、填空题

1. 杂交改良是畜牧业提高经济效益和培育新品种的重要途径，主要有＿＿＿＿＿＿、＿＿＿＿＿＿、＿＿＿＿＿＿。

2. 杂交改良的步骤分为以下几步：＿＿＿＿＿＿；＿＿＿＿＿＿；＿＿＿＿＿＿。

3. 产生杂种优势的方法有：＿＿＿＿＿＿、＿＿＿＿＿＿、＿＿＿＿＿＿、双杂交、轮回杂交。

4. 杂种优势的利用又称为＿＿＿＿＿＿，它的实质就是利用杂种优势来增加畜产品产量和提高经济效益。

5. 轮回杂交是应用＿＿＿＿＿＿品种逐代轮流杂交，各代的杂种母畜，除选留一部分与另一个品种公畜杂交外，其余杂种母畜和全部杂种公畜作为商品畜禽。

三、判断

（　　）1. 杂交能够综合双亲优良性状，育成新品种。

（　　）2. 导入杂交的目的是产生含有 1/4 原来品种 "血液" 和引入品种 3/4 "血液" 的后代。

（　　）3. 级进杂交是以引入品种为主，对原有品种进行彻底改良的一种杂交方法。

（　　）4. 参与杂交的品种、品系间亲缘关系差异越大，纯度越高，所获得的杂种优势就越大。

（　　）5. 所有的性状都能呈现出明显的杂种优势。

四、简答题

1. 试述杂交的概念及作用。

2. 试述提高杂种优势的措施。

3. 写出三元杂交的杂交模式图。

耿明杰，2006. 畜禽繁殖与改良［M］. 北京：中国农业出版社 .

侯放亮，2005. 牛繁殖新技术［M］. 北京：中国农业出版社 .

霍军，曲强，2011. 宠物解剖生理［M］. 北京：化学工业出版社 .

李青旺，胡建宏，2009. 畜禽繁殖与改良［M］. 2 版 . 北京：高等教育出版社 .

刘榜，2007. 家畜育种学［M］. 北京：中国农业出版社 .

宋连喜，田长永，2016. 畜禽繁育［M］. 2 版 . 北京：化学工业出版社 .

王怀禹，吕远蓉，兰天明，2018. 畜禽繁殖改良技术［M］. 3 版 . 成都：西南交通大学出版社 .

杨慧芳，王子轼，2007. 畜牧兽医综合技能［M］. 2 版 . 北京：中国农业出版社 .

杨利国，2003. 动物繁殖学［M］. 北京：中国农业出版社 .

张响英，孙耀辉，2018. 动物繁殖技术［M］. 北京：中国农业出版社 .

张沅，2008. 家畜育种学［M］. 10 版 . 北京：中国农业出版社 .

张忠诚，2004. 家畜繁殖学［M］. 4 版 . 北京：中国农业出版社 .

张周，2001. 家畜繁殖［M］. 北京：中国农业出版社 .

钟孟淮，2009. 动物繁殖与改良［M］. 2 版 . 北京：中国农业出版社 .

钟孟淮，2014. 动物繁殖与改良［M］. 3 版 . 北京：中国农业出版社 .

朱士恩，2009. 家畜繁殖学［M］. 5 版 . 北京：中国农业出版社 .

朱士恩，2015. 家畜繁殖学［M］. 6 版 . 北京：中国农业出版社 .

图书在版编目（CIP）数据

动物繁殖与改良/钟孟淮主编 . —4 版 . —北京：
中国农业出版社，2019.10 (2022.6重印)
中等职业教育国家规划教材　全国中等职业教育教材
审定委员会审定　中等职业教育农业农村部"十三五"规
划教材
ISBN 978-7-109-26212-6

Ⅰ.①动⋯　Ⅱ.①钟⋯　Ⅲ.①畜禽－繁殖－中等专业
学校－教材 ②畜禽育种－中等专业学校－教材　Ⅳ.①S814

中国版本图书馆 CIP 数据核字（2019）第 253775 号

中国农业出版社出版
地址：北京市朝阳区麦子店街 18 号楼
邮编：100125
责任编辑：李　萍　　文字编辑：闫　淳
责任校对：赵　硕　　版式设计：胡至幸
印刷：北京通州皇家印刷厂
版次：2001 年 12 月第 1 版　　2019 年 10 月第 4 版
印次：2022 年　6 月第 4 版北京第 3 次印刷
发行：新华书店北京发行所
开本：787mm×1092mm　1/16
印张：12
字数：278 千字
定价：34.00 元